黄河流域生态状况变化

——遥感调查评估

高吉喜 侯 鹏 翟 俊 徐延达 张文国 万华伟 高海峰 等／著

U0332984

中国环境出版集团·北京

图书在版编目（CIP）数据

黄河流域生态状况变化遥感调查评估 / 高吉喜等著 . —北京：
中国环境出版集团，2023.9
ISBN 978-7-5111-5481-1

Ⅰ.①黄⋯　Ⅱ.①高⋯　Ⅲ.①黄河流域—环境遥感—环境
生态评价　Ⅳ.① X821.2

中国国家版本馆 CIP 数据核字（2023）第 052195 号
京审字（2023）G 第 1502 号

出 版 人	武德凯
策划编辑	王素娟
责任编辑	宾银平
封面设计	宋　瑞

出版发行	中国环境出版集团
	（100062　北京市东城区广渠门内大街 16 号）
	网　　址：http://www.cesp.com.cn
	电子邮箱：bjgl@cesp.com.cn
	联系电话：010-67112765（编辑管理部）
	010-67113412（第二分社）
	发行热线：010-67125803，010-67113405（传真）
印　　刷	北京鑫益晖印刷有限公司
经　　销	各地新华书店
版　　次	2023 年 9 月第 1 版
印　　次	2023 年 9 月第 1 次印刷
开　　本	787×1092　1/16
印　　张	10.75
字　　数	260 千字
定　　价	86.00 元

中国环境出版集团郑重承诺：
中国环境出版集团合作的印刷单位、材料单位均具有中国环境标志产品认证。

目录

CONTENTS

一

黄河流域概况

（一）背景和意义

黄河是中华民族的母亲河，是我国重要的生态屏障和连接青藏高原、黄土高原、华北平原的生态廊道，也是《全国主体功能区规划》确定的"两屏三带"生态安全战略格局中"青藏高原生态屏障""黄土高原—川滇生态屏障"和"北方防沙带"的重要组成部分。同时，黄河以全国约 2% 的水资源量，承担了全国约 15% 的耕地和 12% 的人口的用水需求（贾绍凤等，2020），是保障国家粮食安全、能源安全的关键区域和重要经济地带，也是我国全面打赢脱贫攻坚战和落实"一带一路"建设的重要区域。

保护黄河是事关中华民族伟大复兴的千秋大业。黄河流域生态保护和高质量发展同京津冀协同发展、长江经济带发展、粤港澳大湾区建设、长三角一体化发展一样，是重大国家战略。要坚持"绿水青山就是金山银山"理念，坚持生态优先、绿色发展，以水而定、量水而行、因地制宜、分类施策，上下游、干支流、左右岸统筹谋划，共同抓好大保护，协同推进大治理，着力加强生态保护治理、保障黄河长治久安、促进全流域高质量发展、改善人民群众生活、保护传承弘扬黄河文化，让黄河成为造福人民的幸福河。

黄河流域在我国经济社会发展和生态安全方面具有十分重要的地位。"2015—2020 年全国生态状况变化遥感调查评估"工作中把开展黄河流域生态状况调查评估作为一项重大任务，为黄河流域生态保护和高质量发展决策提供了基础支撑。

（二）自然地理状况

黄河发源于青藏高原，位于 95°53′E～119°20′E，32°10′N～41°50′N，南以秦岭为界，北至阴山，向东汇入渤海，流域面积约为 79.46 万 km²，东西跨度约为 2 050 km，南北宽约 1 096 km（图 1-1）。黄河是世界第五长河、国内仅次于长江的第二大河，干流全长 5 464 km，流经青海、四川、甘肃、宁夏、内蒙古、陕西、山西、河南和山东 9 个省区（水利部黄河水利委员会，2013）。其中，位于内蒙古境内的流域面积最大，占流域总面积的 19.02%，位于山东省境内的面积最小，占流域总面积的 1.67%（表 1-1）。

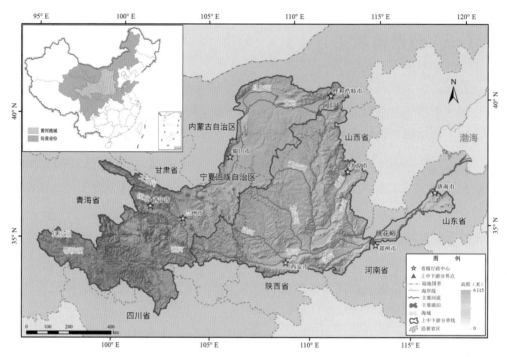

图 1-1　黄河流域空间位置

表 1-1　黄河流域在各省区的流域面积及占比

省区	面积 / 万 km²	面积占比 /%
内蒙古	15.11	19.02
青海	15.10	19.00
甘肃	14.27	17.96
陕西	13.29	16.73
山西	9.69	12.19
宁夏	5.14	6.47
河南	3.66	4.61
四川	1.87	2.35
山东	1.33	1.67
总计	79.46	100.00

1. 流域水系

　　黄河上游是指自黄河河源至内蒙古托克托县河口镇的黄河河段,主要位于青藏高原、宁蒙河套平原、鄂尔多斯高原等地区,区域覆盖青海、四川、甘肃、宁夏、内蒙古。上游河流长约 3 472 km，流域面积 42.77 万 km²（含鄂尔多斯地表内流区），占整个黄河流域总面积的 53.83%。

黄河中游是指自河口镇至河南省郑州市桃花峪的河段，覆盖陕西、山西、内蒙古、甘肃、宁夏、河南。中游流域面积 34.42 万 km²，占整个黄河流域面积的 43.32%。

黄河下游指黄河干流自桃花峪到进入渤海的区域，覆盖河南、山东。下游河流长约 786 km，流域面积为 2.27 万 km²，仅占整个黄河流域面积的 2.86%。

根据全国 1∶25 万三级水系流域分区数据（沈永平，2019），对黄河流域的三级分区做了微调，黄河流域分为 29 个三级流域分区（表 1-2 和图 1-2），其中，上游 12 个，中游 14 个，下游 3 个。

表 1-2　黄河流域三级流域分区面积比例

一级流域分区	三级流域分区			面积 / 万 km²
	数量	序号	名称	
上游	12	1	河源至玛曲	8.63
		2	玛曲至龙羊峡	4.52
		3	龙羊峡至兰州干流区间	2.69
		4	湟水	1.55
		5	大通河享堂以上	1.52
		6	大夏河与洮河	3.33
		7	兰州至下河沿	3.16
		8	清水河与苦水河	2.39
		9	下河沿至石嘴山	3.19
		10	石嘴山至河口镇北岸	5.50
		11	石嘴山至河口镇南岸	2.14
		12	内流区	4.15
中游	14	13	河口镇至龙门左岸	3.87
		14	吴堡以上右岸	2.38
		15	吴堡以下右岸	4.86
		16	汾河	3.98
		17	龙门至三门峡干流区间	1.59
		18	渭河宝鸡峡以上	3.11

续表

一级流域分区	三级流域分区			面积 / 万 km²
	数量	序号	名称	
中游	14	19	渭河宝鸡峡至咸阳	1.76
		20	泾河张家山以上	4.38
		21	渭河咸阳至潼关	1.85
		22	北洛河状头以上	2.49
		23	三门峡至小浪底区间	0.59
		24	小浪底至花园口干流区间	0.32
		25	伊洛河	1.88
		26	沁河	1.36
下游	3	27	花园口以下干流区间	0.42
		28	金堤河和天然文岩渠	0.74
		29	大汶河	1.11

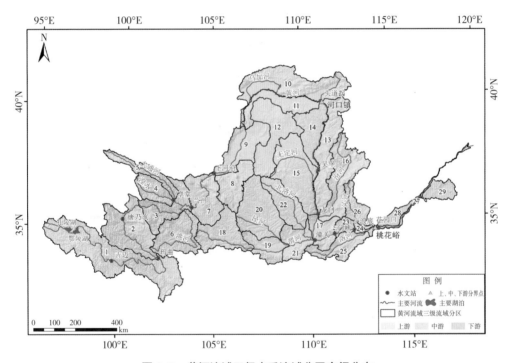

图 1-2　黄河流域三级水系流域分区空间分布

（图中数字为三级流域分区编号，见表 1-2）

2. 水文特征

黄河作为我国第二长河，全河多年平均河川天然径流量为 534.8 亿 m³，天然年径流量仅占全国河川径流量的 2%。黄河流域河川年径流量因地而异，流域水资源分布由南向北逐渐递减（张爱静等，2013）。以吉迈—积石山—大夏河—洮河—渭河干流—汾河—沁河为分水岭，以南主要是山地，植被较好，年平均降水量大于600 mm，年径流深 100 mm 以上，水资源较丰沛。流域北部皋兰—海原—同心—定边—包头一线以北，气候干燥，年降水量小于 300 mm，年径流深度在 10 mm 以下，水资源贫乏。以上两条线之间为面积广大的黄土高原地区，年降水量一般为400～500 mm，年径流深却仅 25～50 mm，水土流失严重，为黄河泥沙的主要源区。因受季风影响，黄河流域河川径流的季节性变化很大。夏秋河水暴涨、容易泛滥成灾，冬春水量很小、水源匮乏，径流的年内分配很不均匀（水利部黄河水利委员会，2011）。

独特的地理位置使黄河流域"水少沙多、水沙异源"的特点更为突出。黄河是世界上输沙量最大、含沙量最高的河流，多年平均天然输沙量达 16 亿 t，多年平均天然含沙量 35 kg/m³。黄河泥沙来源具有地区分布相对集中、年内分配集中、年际变化大的特点，90% 的泥沙来自中游河口镇至三门峡区间（水利部黄河水利委员会，2013）。黄河水少沙多、水沙关系不协调，是黄河治理的难点和重点所在。在气候变化和人类活动影响的共同作用下，黄河径流、输沙发生了显著变化。以黄河控制性水文站潼关站为例，1919—1959 年实测年均径流量为 426.1 亿 m³，输沙量为 15.92 亿 t，2000—2018 年年均径流量大幅减少至 239.1 亿 m³，输沙量减少至2.44 亿 t，与 1919—1959 年相比，年均径流量减少 44%，输沙量减少 85%，水土保持措施给输沙量带来十分显著的影响（王光谦等，2020）。

3. 地貌特征

黄河流域幅员辽阔，地势西高东低，地貌差别较大，从西到东横跨青藏高原、内蒙古高原、黄土高原和黄淮海平原 4 个地貌单元。西部河源地区平均海拔在4 000 m 以上，由一系列高山组成，常年积雪覆盖，冰川地貌发育，由于地形相对平缓、排水不畅，形成大面积的沼泽和湖泊；中部地区海拔多为 1 000～2 000 m，以黄土地貌为主，土壤较为疏松，易受侵蚀，水土流失严重；东部地区海拔大多不超过 100 m，主要由黄河冲积平原组成（王颖，2013）。黄河自西向东经过由高及低的三级地势阶梯，对我国的气候、自然景观以及河流的顺势东下具有决定性的作用。黄河流域主要包括丘陵（3.45%）、大起伏山地（12.50%）、中起伏山地（16.49%）、小起伏山地（4.22%）、台地和塬（10.74%）、平原（25.03%）、湖泊河滩（0.21%）、现代冰川（0.01%）、风积地貌（8.30%）、黄土梁峁（19.05%）10 种地貌类型（图 1-3）。

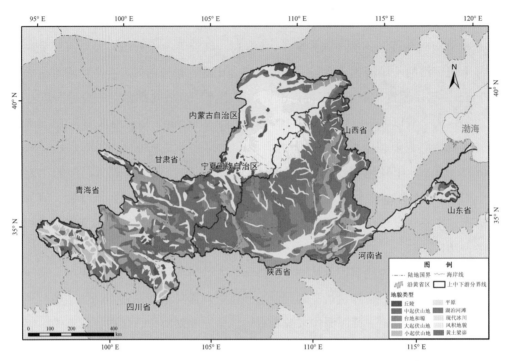

图1-3　黄河流域地貌类型空间分布

4. 气候特征

黄河流域位于我国中北部，东临渤海，西处内陆，属于大陆性气候，流域内气候差异较大，在大气环流和季风的影响下，气候特征复杂。东南部基本属于半湿润气候，中部属于半干旱气候，西北部为干旱气候（水利部黄河水利委员会，2018）。湿润区主要分布在四川省省境内，面积约占流域的5.58%，该区域降水丰富，气温较低；半湿润区分布面积最广，面积约占流域的57.37%；半干旱区主要分布在黄河流域中部农牧交错带区，面积约占流域面积的28.43%；干旱区位于黄河流域的西北部，面积约占流域面积的8.62%，以宁夏、内蒙古为主，该区域降水量少，温度高，蒸发量大。黄河流域多年平均气温为-13.0～16.0℃，三门峡以下地区气温较高，上游河源区的温度较低（图1-4a）。流域内气温日较差也很大，尤其是高纬度地区，全年各季气温日较差为13.0～16.5℃（常军等，2014）。2000—2019年，黄河流域年均气温整体呈上升的趋势，增速为0.03℃/a。气温上升区域主要位于黄河流域上游的西南部、中游的山西段和下游的河南段东部。气温降低区域主要分布于甘肃中部、内蒙古段和陕西中北部等（图1-5a）。

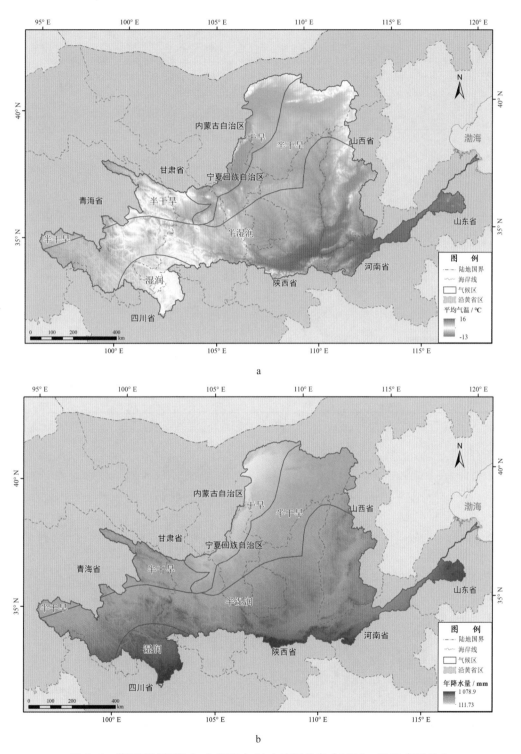

图1-4　黄河流域气温（a）和降水（b）空间分布（2000—2019年平均）

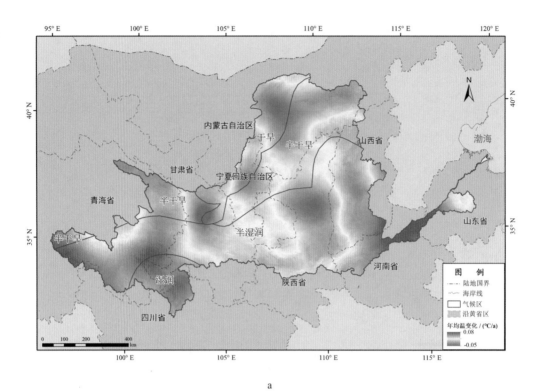

a

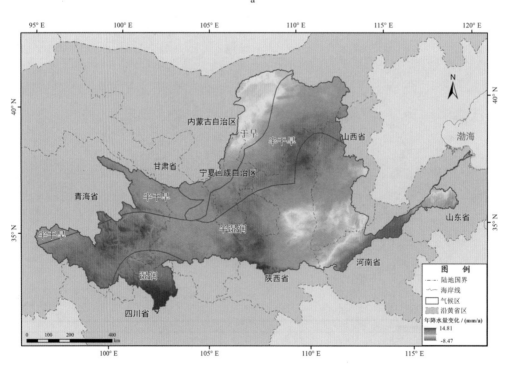

b

图1-5 黄河流域气温（a）和降水（b）变化空间分布（2000—2019年）

流域内多年平均降水量约为 478.36 mm，受地形影响，年降水量呈现南多北少、东多西少，自西南向东北递减的空间分布特征（图 1-4b）。流域内降水的季节分配较为不均，冬干春旱，夏秋多雨，6—9 月降水量约占全年降水总量的 70%（陈强等，2014）。2000—2019 年黄河流域降水量总体增加，但降水丰枯特征的不确定性也较大（图 1-6）。青海、甘肃和四川大多数区域内降水量增加；降水量减少区主要分布在上游的内蒙古，以及下游的河南和山东（图 1-5b）。

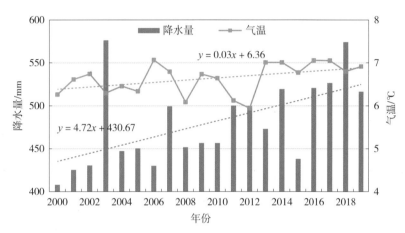

图 1-6　黄河流域气温和降水量年际变化（2000—2019 年）

（三）经济社会概况

1. 人口特征

2018 年，黄河流域涉及的县级行政区（图 1-7）人口总数为 1.67 亿人，占黄河流域涉及的 9 省区总人口的 39.83%、全国总人口的 11.97%。其中，河南在黄河流域内的人口最多，为 3 336.9 万人，陕西、山东的人口也超过了 3 000 万人，山西和甘肃分别为 2 743.9 万人和 2 099.6 万人，以上 5 个省的流域内人口总数占黄河流域总人口的 86.85%；内蒙古、宁夏、青海、四川 4 省区在黄河流域内总人口均不足 1 000 万人，人口相对较少（表 1-3）。

2. 产业特征

作为我国经济发展的重要区域，黄河流域对沿黄省区乃至全国的发展都具有重要的战略意义。根据国家统计局资料，2019 年，黄河流域 9 省区地区生产总值（GDP）为 247 407.66 亿元，占全国 GDP 的 24.97%。

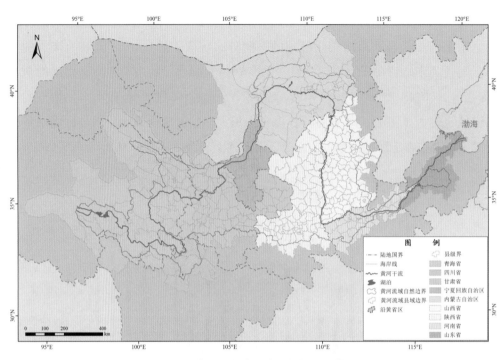

图 1-7　黄河流域涉及的县级行政区范围

表 1-3　黄河流域涉及的县级行政区人口情况（2018 年）

省区	总人口 /万人	占黄河流域总人口比例 /%	占各省总人口比例 /%	黄河流域涉及县级行政区数量 / 个
青海	525.3	3.14	87.11	36
四川	43.6	0.26	0.52	6
甘肃	2 099.6	12.54	79.62	62
宁夏	683.8	4.08	100	22
内蒙古	949.6	5.67	37.47	42
山西	2 743.9	16.39	73.8	90
陕西	3 225.9	19.27	83.48	85
河南	3 336.9	19.93	34.74	59
山东	3 134.8	18.72	31.2	43
总计	16 743.4	100.00	39.83	445

资料来源：县级市、县、自治县、旗、自治旗人口数获取自《中国县域统计年鉴（县市卷）2019》，市辖区人口数获取自《中国人口和就业统计年鉴 2019》，全省总人口数获取自《中国社会统计年鉴 2019》。

黄河流域 9 省区自然条件、经济基础有明显差异，因此，不同省区经济发展水平及速度也具有显著差距，上游落后，中游崛起，下游发达。黄河流域 9 省区中，山东省处于我国东部沿海地区，经济发展相对较快，2019 年 GDP 为 71 067.53 亿元，占 9 省区 GDP 的 28.72%；而地处西部地区的青海、宁夏 2 省区，经济发展水平相对落后，其 GDP 占 9 省区 GDP 的比例较低，分别为 1.20%、1.51%。2019 年全国人均 GDP 为 70 892 元 / 人，黄河流域 9 省区的人均 GDP 均低于全国平均水平。

从产业结构来看，2019 年黄河流域第一产业、第二产业、第三产业产值所占比例分别为 8.44%、40.88%、50.68%。与全国产业结构相比，黄河流域的第一产业、第二产业所占比例相对较高，分别高出全国平均水平 1.33 个百分点、1.91 个百分点，相应地，第三产业低于全国平均水平 3.23 个百分点。在黄河流域 9 省区内部，第一产业比重相对较大的省区有内蒙古自治区、四川省、甘肃省，分别为 10.82%、10.31%、12.05%；山西省的第一产业比重低于全国平均水平，为 4.84%；第二产业比重超过全国平均水平的省区有 7 个，比重最高的是陕西省，为 46.45%，其次是山西省和河南省，分别为 43.77% 和 43.51%（图 1-8）。

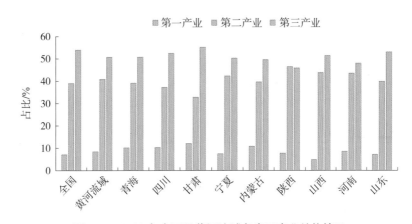

图 1-8　2019 年全国及黄河流域各省区产业结构情况

（四）生态保护概况

黄河流域有国家级自然保护区 56 个，流域内面积约 7.83 万 km²，占黄河流域总面积的 9.85%；有重点生态功能区 8 个，涉及 107 个县（市），流域内面积约 32.17 万 km²，占黄河流域面积的 40.49%；生态保护红线面积约 19.72 万 km²，占黄河流域面积的 24.82%。去除重叠后，以上三类生态保护管控区所占的面积为 40.60 万 km²，占黄河流域面积的 51.09%。黄河上游是我国重要的生态安全屏障，生态地位十分重要，上游地区生态保护管控区面积为 26.02 万 km²，占上游面积的 60.84%，占黄河流域生态保护管控区总面积的 64.09%。其中，国家级自然保护区面积占上游面积的 16.83%，占黄河流域国家级自然保护区总面积的 91.98%；重点生态功能区面积占上游面积的 50.96%；占黄河流域国家重点生态功能区总面积的 67.75%；生态保护红线面积占上游面积的 31.67%，占黄河流域生态保护红线总面积的 68.68%（图 1-9、图 1-10）。

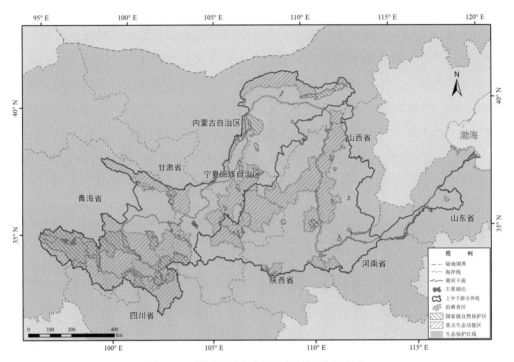

图 1-9　黄河流域生态保护管控区空间分布

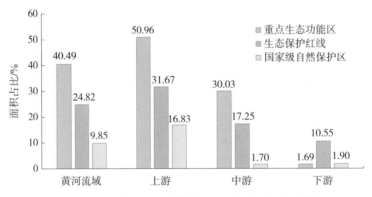

图 1-10　各类生态保护管控区面积占流域面积比例

2000 年以来，我国投入大量资金开展生态保护与修复，先后实施了一批生态环境保护与建设重大工程，如退耕还林还草工程、退牧还草工程、天然林保护和防护林体系工程、三江源生态保护和建设工程等。其中，天然林保护工程于 2000 年

10 月正式批准实施，包括长江上游、黄河中上游地区天然林资源保护工程和东北地区、内蒙古自治区等重点国有林区天然林资源保护工程两部分。黄河流域天然林保护工程区面积约 75.09 万 km²，占黄河流域面积的 94.50%。退耕还林工程规划工期为 2000—2010 年，主要是为了解决重点地区水土流失和土地沙化的问题。黄河流域作为水土流失较为严重的地区，退耕还林工程区面积约 74.80 万 km²，占黄河流域面积的 94.14%，随着工程实施，水土流失得到有效控制，植被恢复成果显著。"三北"防护林工程是我国启动最早的生态建设工程，黄河流域工程区面积约 56.00 万 km²，占流域面积的 70.48%。黄河上游的三江源生态保护和建设工程于 2005 年启动，一期工程投资 75 亿元，在三江源自然保护区开展黑土滩治理、沙漠化防治、退牧还草、退耕还林、湿地保护等生态保护修复。2015 年，我国首个国家公园试点——三江源国家公园正式启动，2018 年，国家发展改革委印发了《三江源国家公园总体规划》。黄河上中游地区山水林田草沙综合治理也加快实施，通过坡耕地改造、固沟保塬等重要生态系统保护和修复重大工程建设，黄土高原生态修复成效显著。2008 年以来，水利部黄河水利委员会结合调水调沙实施黄河下游生态调度，持续向黄河三角洲湿地进行补水，增加湿地水域面积，改善湿地生态环境。

黄河流域生态保护和高质量发展战略实施以来，沿黄各省区也积极开展相关工作。宁夏回族自治区于 2020 年 7 月通过《关于建设黄河流域生态保护和高质量发展先行区的实施意见》，同年 8 月，编制了《黄河宁夏段生态保护治理规划》，按照"一河双线三带四区"进行空间划分和规划布局，实施七大工程 21 个具体项目。

甘肃省先后出台了祁连山矿业权分类退出、水电站关停退出整治，旅游设施项目差别化整治和补偿等办法。

青海省启动祁连山生态保护及综合治理工程，统筹山水林田湖草沙冰系统治理，实施天然林保护、退牧还草、湖泊和湿地保护等生态工程，实施三江源生态保护一期、二期工程，累计投资 135.4 亿元。

陕西省于 2020 年 6 月发布《陕西省黄河流域生态空间治理十大行动》，提出"三屏三区一廊一带"；同年 8 月，印发《关于实施沿黄防护林提质增效和高质量发展工程的意见》。

2020 年 3 月，河南省黄河流域生态保护和高质量发展领导小组印发的《2020 年河南省黄河流域生态保护和高质量发展工作要点》中提出要向先行先试转变，引领沿黄生态文明建设，在全流域率先树立河南标杆，提出郑州和洛阳"双引擎"，打造郑州大都市区黄河流域生态保护和高质量发展核心示范区，实施八大标志性项目。

山东省印发实施了《山东黄河三角洲国家级自然保护区条例》《山东黄河三角洲国家级自然保护区管理办法》《山东省湿地保护工程实施规划（2016—2020）》《山东黄河三角洲国家级自然保护区详细规划（2014—2020年）》等地方性法规。

二
黄河流域生态状况变化调查
评估的目标、内容和方法

（一）目标

黄河流域生态保护和高质量发展已经成为国家重大战略，为了及时掌握黄河流域生态状况，支撑和服务国家社会经济可持续发展，开展黄河流域生态状况变化调查评估。此次调查评估按照"摸清现状，发现变化，揭示问题，找出原因，提出对策"的总体思路，评估黄河流域 2000—2019 年的生态状况变化情况以及生态建设成效，明确当前存在的问题，提出下一步生态保护建议，为黄河流域生态保护与修复监管提供技术支撑。

（二）主要内容

基于卫星遥感、统计资料和调查数据，对整个黄河流域，以及上、中、下游不同区域，开展黄河流域生态系统质量、服务功能现状及其变化分析。其中，以水域和植被状况为评估对象反映生态系统质量状况，对整个黄河流域开展分析评估；以上、中、下游区域各自的主导生态系统服务功能为评估对象，即针对上游的水源涵养服务功能、中游的土壤保持服务功能、下游的生物多样性维持服务功能，结合不同区域的特点，开展生态系统服务功能的评估分析。在此基础上，对流域突出的生态问题进行识别，围绕黄河流域生态保护管理需求提出对策建议。具体包括：

1. 黄河流域植被状况监测与动态分析

以植被覆盖度（Fractional Vegetation Cover，FVC）为主要评估指标，结合生态系统分类数据，分析 2000—2019 年整个流域不同生态系统类型的植被变化情况，展示植被保护与恢复成效，明确植被退化区域，并结合人类活动强度、气象因子等进行植被变化驱动分析。

2. 黄河流域水域状况监测与动态分析

以水体面积为指标，分析 2000—2019 年整个黄河流域的水域变化情况，明确水体减少、湿地萎缩的区域，并结合气象、水文、水资源利用数据分析变化原因。

3. 黄河上游水源涵养服务功能综合评估

基于水量平衡方法开展黄河上游地区水源涵养量模拟与时空变化分析。重点从子流域、生态保护管控区的尺度，评估分析水源涵养服务功能的空间差异特征。

4. 黄河中游土壤保持服务功能综合评估

基于土壤流失方程，开展黄河中游地区土壤保持服务功能评估，从不同空间尺度分析变化情况及其存在的问题。

5. 黄河下游生物多样性维持服务功能综合评估

以黄河三角洲为典型区域，基于生境质量指数，从植被、水体、物种等多角度分析生物多样性维持服务功能的时空变化特征，分析主要物种栖息地变化及存在的问题。

6. 黄河上游典型区域草畜平衡分析评估

利用长时间序列卫星遥感影像，对黄河上游牧区、半牧区开展载畜压力分析，评估草地草畜平衡状况。

7. 黄河源区典型冰川变化评估

利用长时间序列卫星遥感影像，监测黄河源区阿尼玛卿山区域的冰川面积变化，结合气象水文数据，分析气候变化对黄河上游冰川变化的影响。

8. 黄河中游典型区域水土流失状况评估

以黄河中游土壤侵蚀现状和变化为切入点，对应河道断面输沙量和植被变化情况，分析水土流失和沙化问题。

9. 黄河流域水资源状况评估

以统计资料为基础，评估黄河流域水资源现状、产业发展对水资源的消耗和对水质的影响情况。

10. 黄河流域城镇化进程评估

利用长时间序列卫星遥感影像及土地利用分类产品，分析黄河流域城镇扩张及其对流域整体生态空间的挤占情况。

11. 黄河流域矿产资源开发导致的生态问题评估

以统计资料为基础，分析评估黄河流域矿产资源开发强度变化和产生的生态压力。

12. 黄河流域水体人工化趋势评估

以黄河流域水体分布数据为基础，结合遥感影像和水利行业相关资料，分析黄河流域水电开发和水库建设等人工水体变化情况，评估水体人工化状况。

13. 黄河流域生态保护修复监管典型疑似问题线索清单编制

根据植被退化、水资源利用、资源开发等方面的生态问题评估结果，按照"遥感影像信息提取—疑似问题线索分析—问题核实"的调查框架，发挥高分辨率卫星遥感监测的优势，基于卫星图斑监测结果，编制区域生态问题线索清单。

（三）总体思路和技术路线

采用遥感与地面调查相结合、面上与重点分析相结合、现状与变化评估相结合的思路，以遥感数据为主，辅以地面调查结果、流域专题研究成果、行业统计数据等，从流域、行政区域、生态保护管控区三个空间尺度，开展黄河流域生态系统质量、功能及其变化评估，基本摸清黄河流域的生态状况与变化趋势，进一步明确生态问题，揭示变化的原因与驱动因素，重点分析人类活动对黄河生态状况的影响和生态系统对经济社会发展支撑作用的变化，提出对策及建议，为黄河流域生态保护与修复监管提供科学基础。

黄河流域生态状况遥感调查评估的整体技术路线见图 2-1。

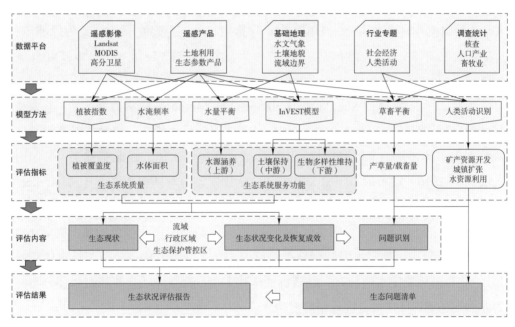

图 2-1　遥感调查评估技术路线

（四）技术方法

1.遥感数据信息提取方法

（1）水体提取方法

首先，基于 2000—2019 年长时间序列的陆地资源卫星（Landsat 5-8）的表面反射率产品，依托谷歌地球引擎（Google Earth Engine，GEE）计算平台，开展遥感影像产品预处理。主要包括大气散射和气溶胶吸收校正，以及云、阴影等噪声信息去除，进而获得黄河流域 2000—2019 年共 45 424 景影像。

其次，基于表面反射率数据计算植被指数、水体指数、干裸指数。具体各个指数的计算方法如下：

$$\text{NDVI} = \frac{\rho_{\text{NIR}} - \rho_{\text{red}}}{\rho_{\text{NIR}} + \rho_{\text{red}}}$$

$$\text{MNDWI} = \frac{\rho_{\text{Green}} - \rho_{\text{SWIR1}}}{\rho_{\text{Green}} + \rho_{\text{SWIR1}}}$$

$$\text{AWEI} = \rho_{\text{Blue}} + 2.5 \times \rho_{\text{Green}} - 1.5 \times (\rho_{\text{NIR}} + \rho_{\text{SWIR1}}) - 0.25 \times \rho_{\text{SWIR2}}$$

$$\text{DBSI} = \frac{\rho_{\text{SWIR1}} - \rho_{\text{Green}}}{\rho_{\text{SWIR11}} + \rho_{\text{Green}}} - \text{NDVI}$$

式中，NDVI 为归一化植被指数；MNDWI 为改进的归一化差异水体指数；AWEI 为自动水体提取指数；DBSI 为干裸指数；ρ_{Blue} 为蓝波段；ρ_{Green} 为绿波段；ρ_{NIR} 为近红外波；ρ_{red} 为红波段；ρ_{SWIR1} 为短波红外波段 1；ρ_{SWIR2} 为短波红外波段 2。

最后，利用 SRTM（Shuttle Radar Topography Mission）高程数据产品，获取流域相对高程信息（Donchyts et al.，2016）。基于遥感水体指数、流域相对高程设定阈值提取水体，并结合植被指数、干裸指数过滤掉非水体。在此基础上，参照由 Pekel 等（2016）发布的 Global Surface Water 数据集的水体覆盖频率（occurrence）产品，构建每个年份的水淹频度（一年中某一地点被水淹没的次数占有效观测次数的比例）数据，将该数据根据类间差距最大的方法进行二值化处理。在人机交互参数率定的过程中，确定水淹频度数据阈值为 62%（可最大化避免季节性水体和噪声），获得流域稳定水体分布。经随机抽样和人工目视等方法，将稳定水体分布与每年多期遥感影像比对，进行精度检验。

针对人工水体信息提取，本书主要采取目视识别的方式获取。首先将 2000 年和 2019 年水体差值处理，获取新增水体；其次对新增水体进行矢量分割，得到每个水体斑块，并基于面积筛选大于 0.3 km² 的水体斑块；最后与 Google Earth 高分辨率影像叠加，通过历史影像综合判别水体类型。

（2）植被覆盖度计算方法

植被覆盖度是指植被（包括叶、茎、枝）在地面的垂直投影面积占统计区总面积的百分比，反映某一区域植被的覆盖状况。本书采用的植被覆盖度是利用 MODIS（Moderate-resolution Imaging Spectroradiometer）反射率数据反演得到的

500 m 分辨率的年植被覆盖度均值。

主要算法为：首先，利用随机选取的裸地单元和植被全覆盖单元以及其对应的植被覆盖度信息，计算得到植被覆盖度对应的红波段和近红外波段比值信息，并以此建立植被覆盖度与红波段和近红外波段的二维关系，把这些关系映射至查找表，构建二维数组（如果一个二维表格点对应多个值，则取平均值）。根据像元级大样本组合量信息（百亿次），构建红波段/近红外波段和植被覆盖度的多种关系映射信息查找表。其次，针对单个观测的红波段和近红外波段反射率信息，对应获取植被覆盖度信息。这种方法的优点是算法简单、实现容易、运算速度快，适合大范围数据快速处理，并且可以消除背景差异导致的误差。

2. 生态系统评估分析方法

（1）水源涵养服务功能评估方法

水源涵养服务功能是生态系统（如森林、草地等）通过其特有的结构与水相互作用，对降水进行截留、渗透、蓄积，并通过蒸散发实现对水流、水循环的调控，主要表现在缓和地表径流、补充地下水、减缓河流流量的季节波动、滞洪补枯、保证水质等方面。以水源涵养量作为生态系统水源涵养功能的评估指标。

本书选取水量平衡方程计算水源涵养量（参考《生态保护红线划定指南》），计算公式为

$$TQ = \sum_{i=1}^{j} \left(P_i - R_i - ET_i \right) \times A_i \times 10^3$$

式中，TQ 为总水源涵养量，m^3；P_i 为降水量，mm；R_i 为地表径流量，mm；ET_i 为蒸散发量，mm；A_i 为 i 类生态系统面积，km^2；i 为研究区第 i 类生态系统类型；j 为研究区生态系统类型数。

（2）土壤保持服务功能评估方法

本书利用 InVEST（Integrated Valuation of Ecosystem Services and Tradeoffs）模型的土壤侵蚀模块对土壤保持服务功能进行评估（参考 *InVEST User's Guide*），选取降水量、地貌类型、数字高程模型（DEM）、土地利用等数据构建评估模型，A_p 为潜在土壤侵蚀量 $[t/(hm^2 \cdot a)]$，A_r 为土壤侵蚀量 $[t/(hm^2 \cdot a)]$，A_c 为土壤保持量 $[t/(hm^2 \cdot a)]$，公式如下：

$$A_p = R \cdot K \cdot LS$$

$$A_r = R \cdot K \cdot LS \cdot C \cdot P$$

$$A_c = A_p - A_r = R \cdot K \cdot LS \cdot \left(1 - C \cdot P \right)$$

式中，R 为降雨侵蚀力因子，$MJ \cdot mm/（hm^2 \cdot h \cdot a）$；$K$ 为土壤可蚀性因子，$t \cdot hm^2 \cdot h/（hm^2 \cdot MJ \cdot mm）$；LS 为坡度、坡长因子；$C$ 为覆盖与作物管理因子；P 为土壤保持措施因子；LS、C、P 均量纲一。

潜在土壤侵蚀量（A_p）为裸土状况下的泥沙流失量，土壤侵蚀量（A_r）为拥有植被等物理拦截因素状况下流失的泥沙量，土壤保持量（A_c）为拥有植被等物理拦截因素状况下拦截的泥沙量。土壤保持服务功能的高低以土壤保持量与土壤侵蚀量的比较来区分；土壤保持服务功能的变化以土壤保持量及土壤侵蚀量变化方向及变化幅度来区分。

（3）生物多样性维持服务功能评估方法

生境质量指生态系统能够提供物种生存繁衍条件的潜在能力，取决于一个生境对人类土地利用和这些强度的可接近性，一般来说，生境质量的退化可看作附近土地利用强度增加的结果，土地利用强度越大，生境质量下降越明显。本书利用 InVEST 模型的生境质量模块，基于土地利用信息，确定对生物多样性构成威胁的各种生态威胁因子，构建生境质量指数，对生境质量情况进行总体评价，进而评估生物多样性的持续性和恢复能力。

本书选择黄河三角洲具有特殊珍稀性、保护级别较高的黑嘴鸥、丹顶鹤及东方白鹳作为敏感指示物种来评价黄河三角洲生物多样性维持服务功能的时空动态特征。为了精细化评估生境质量的时空变化特征，首先，基于卫星遥感影像生成 1999 年、2009 年、2017 年三期湿地分类数据；其次，提取不同湿地类型对指示物种的各威胁要素（自然湿地被围垦开发的土地利用类型，主要包括养殖池、盐田、耕地和建设用地）的空间分布图层；最后，利用层次分析法，获得各威胁因子权重（表 2-1），以及相对其他栖息地类型的敏感度（表 2-2），计算生境质量指数。

表 2-1　威胁因子权重

威胁因子	最大影响距离 /km	权重	衰退线性相关性
养殖池	2	0.689 1	指数型
盐田	1	0.777 8	指数型
耕地	8	0.867 2	指数型
建设用地	4	0.900 0	指数型

表 2-2　生境类型相对其他栖息地类型的敏感度

序号	栖息地类型	生境适宜性	威胁因子			
			养殖池	盐田	耕地	建设用地
1	养殖池	0	0	0	0	0
2	居民区和工矿地	0	0	0	0	0
3	耕地	0	0	0	0	0
4	林地	0.112 8	0.087 7	0.077 7	0.101 5	0.097 8
5	水库坑塘	0.536 6	0.417 4	0.369 8	0.482 9	0.465 3
6	河渠	0.182 3	0.141 8	0.125 6	0.164 1	0.158 1
7	海域	0.244 5	0.190 2	0.168 5	0.220 1	0.212 0
9	淡水沼泽	1	0.777 8	0.689 1	0.900 0	0.867 2
10	滩地	1	0.777 8	0.689 1	0.900 0	0.867 2
11	滩涂湿地	1	0.777 8	0.689 1	0.900 0	0.867 2
12	盐水沼泽	1	0.777 8	0.689 1	0.900 0	0.867 2
13	盐田	0	1	1	1	1
14	草地	0.166 5	0.129 5	0.114 7	0.149 9	0.144 4

生境质量指数的计算公式如下：

$$Q_{xj} = H_j \left[1 - \left(\frac{D_{xj}^z}{D_{xj}^z + k^z} \right) \right]$$

式中，Q_{xj} 为土地利用 / 土地覆盖或生境类型 j 中栅格 x 的生境质量；D_{xj}^z 为土地利用 / 土地覆盖或生境类型 j 中栅格 x 的生境胁迫水平；z 为比例因子，取 2.5；H_j 为土地利用 / 土地覆盖或生境类型 j 的生境适宜性；k 为半饱和常数。

每一种生境类型对威胁的响应可能都不同，在土地利用 / 土地覆盖或生境类型 j 中栅格 x 的总威胁水平用如下公式表示：

$$D_{xi} = \sum_{r=1}^{R} \sum_{y=1}^{Y_r} \left(w_r / \sum_{r=1}^{R} w_r \right) r_y i_{rxy} \beta_x S_{jr}$$

式中，y 指 r 威胁栅格图上的所有栅格；Y_r 指 r 威胁栅格图上的一组栅格；S_{jr} 表示土地利用对 r 威胁的敏感性，取值为 0～1，其值越接近 1 说明越敏感；如果 $S_{jr}=0$，那么 D_{xi} 不是 r 威胁的函数；w_r 表示威胁权重，表明某一胁迫因子对所有生境的相对破坏力，所有威胁因子的权重值相加和为 1；β_x 表示栅格 x 的可达性水平，取值为 0～1，1 表示极容易达到；i_{rxy} 表示威胁因子对生境的威胁影响；威胁的程度随栅格与威胁源距离的增加而减小，因此距离威胁最近的栅格单元将受到较大的影响。威胁源对该栅格生境的影响部分依赖于它们迅速降低的程度，并通过选择指数距离衰减函数来描述威胁在空间上的衰减程度。

威胁因子 r（r_y）对栅格 x 的威胁影响用 i_{rxy} 表示，用如下公式表达：

$$i_{rxy} = \exp\left[-\left(\frac{2.99}{d_{r\max}}\right)d_{xy}\right]（非线性）$$

式中，d_{xy} 是栅格 x 和 y 之间的线性距离；$d_{r\max}$ 是 r 威胁的最大作用距离。

（4）草地退化评估方法

本书利用草地长势指数反映草地退化程度。草地长势是指草原植被的总体生长状况与趋势，通常与以往草原植被的状况进行对比，来说明现在草原植被的生长情况，以往的植被状况是指过去某个时间段的平均状况或实际状况。长势指数法是将植被指数做归一化处理，目的在于消除用作比较的两个植被指数差异性过大的影响，长势指标会变得比较平缓，有利于提高监测精度。其表达式为

$$\text{GGI} = \frac{\text{VI}_m - \text{VI}_n}{\text{VI}_m + \text{VI}_n}$$

式中，GGI（Grassland Growth Index）为草地长势指数；VI_m 和 VI_n 分别代表监测年份植被指数、基准年份植被指数。书中采用 2000—2019 年草原植被生长季（5—9 月）的 NDVI 数据。基准年份的计算是根据黄河上游流域地面气象站点的降水数据，通过计算标准化降水指数得到旱涝年份，选取降水平年的植被指数平均值作为基准年份植被指数。通过计算得出降水平年分别为 2002 年、2004 年、2006 年、2007 年、2009 年和 2010 年，使用该 6 年的植被指数平均值的结果作为本书长势计算的基准。书中对草地长势划分了 5 个等级（表 2-3），在草地退化评价时划分了 7 个等级进行等级划分以及退化评价（表 2-4）。

表 2-3　草地长势分级标准

草地长势等级	草地长势指数分级标准
差	GGI＜-0.15
较差	-0.15＜GGI≤-0.05
持平	-0.05＜GGI≤0.05
较好	0.05＜GGI≤0.15
好	GGI＞0.15

表 2-4　草地退化分级标准

草地退化等级	分级标准
重度退化	−1＜GGI≤−0.15
中度退化	−0.15＜GGI≤−0.05
轻度退化	−0.05＜GGI≤−0.01
波动区	−0.01＜GGI≤0.01
轻微恢复	0.01＜GGI≤0.05
较明显恢复	0.05＜GGI≤0.15
明显恢复	0.15＜GGI≤1

（5）草畜平衡计算方法

草畜平衡是指为了保持草原生态系统良性循环，在一定区域和时间内，使草原和其他途径提供的饲草料总量和饲养牲畜所需的饲草料总量保持动态平衡。草畜平衡由实际载畜量和合理载畜量通过运算构建的指数，即超载率指数（Grassland Overload Rate，GOR）和草畜平衡指数（Balance of Grassland and Livestock Index，BGLI）来衡量。具体公式如下：

$$GOR = \frac{A-R}{R} \times 100\%$$

$$BGLI = 100\% - GOR$$

式中，A 为实际载畜量，羊单位数；R 为理论载畜量，是指草场生产能力在最大可承载限度内的载畜量，羊单位数。

根据各县域计算的载畜平衡指数划分草畜平衡等级，分为极度超载、严重超载、超载、草畜平衡和载畜不足 5 级（表 2-5）。

表 2-5　草畜平衡分级标准

草畜状态	指标范围 /%
极度超载	BGLI＞150
严重超载	80＜BGLI≤150
超载	20＜BGLI≤80
草畜平衡	−20＜BGLI≤20
载畜不足	BGLI≤−20

实际载畜量由调查统计的牲畜数量得到，是上年度末监测单元（县域）内的牲畜存栏数。不同的草食性牲畜采用《天然草地合理载畜量的计算》（NY/T 635—2015）换算成标准羊单位。理论载畜量由饲草料总量除以标准羊单位的采食量得

到。其中，饲草料总量是天然草原现存产草量、已采食草量和补充饲草料量的总和。具体计算公式如下：

$$M_t = Y_u + Y_e + F_t$$

式中，M_t 为饲草料总量，t；Y_u 为天然草原现存产草量，t；Y_e 为已采食草量，t；F_t 为补充饲料量，t；以上指标均为干草产量。

产草量是计算草畜平衡的基础，主要采用地面和遥感相结合的方法进行测算。利用产草量的遥感估产结果乘以放牧利用率，计算获得放牧实际可以食用的产草量，并进一步将可食性产草量在可利用面积上进行折算，得到可利用面积上的可食性产草量。其中，放牧利用率的计算根据《天然草地合理载畜量的计算》（NY/T 635—2015）有关不同类型放牧草地的全年放牧利用率的规定，取平均值。

天然草原已采食草量是指从放牧开始到遥感测算这段时间内完全放牧的情况下被牲畜采食的产草量，主要是通过入户调查和分县域调查获取完全放牧时间，然后用上年末的牲畜存栏数、羊单位采食标准和完全放牧时间（天），综合计算得到牲畜已经采食的产草量。

补充饲草料的计算中，补饲率是重要参数，根据家畜补饲情况的县域调查数据和入户调查数据获取。主要包括牲畜数量（包括山羊、绵羊、牛、马、骡子、骆驼等草食性牲畜）、人工草地产量、秸秆补饲量、青贮饲料量、粮食补饲量和购买其他饲料量等，最终整理计算出各县域及各户饲养牲畜的羊单位数、年需干草量、补充饲料量、补饲百分率等。其中，牲畜数量根据《天然草地合理载畜量的计算》（NY/T 635—2015）折算为标准羊单位。

（6）变化趋势分析方法

植被覆盖度趋势分析采用泰尔森（Theil-Sen Median，又称 Sen 趋势度）趋势分析方法和曼－肯德尔（Mann-Kendall）假设检验方法。这是一种稳健的非参数统计的趋势计算方法。该方法无须样本服从正态分布，并且计算效率高，对于测量误差和离群数据不敏感，常被用于长时间序列数据的趋势分析中。Sen 趋势度的计算方法如下：

$$\beta = \mathrm{mean}\left(\frac{x_j - x_i}{j - i}\right), \forall j > i$$

式中，x_j 和 x_i 为时间序列数据；β 大于 0 表示时间序列呈上升趋势，β 小于 0 表示时间序列呈下降趋势。

本书中分析的变化趋势根据显著性程度（$p < 0.05$ 为显著）和变化方向进行分级，分为显著增加、轻微增加、稳定不变、轻微减少、显著减少 5 个等级。

三
黄河流域生态现状特征与空间差异分析

（一）黄河流域生态系统空间分布特征

国土空间是反映国家城市化、农业和生态安全三大战略格局的重要指示性指标，《省级空间规划试点方案》中将国土空间分为生态空间、农业空间和城镇空间三大类。生态空间主要包括森林、草地、湿地、荒漠等具有自然属性的生态系统；农业空间主要包括水田、旱地和园地等具有生产属性的生态系统；城镇空间主要包括居住地、城市绿地、工矿用地和交通用地等。本书以中国科学院地理科学与资源研究所1980—2020年土地利用/土地覆盖分类数据为基础，耦合分析了黄河流域国土空间分布格局及变化情况。黄河作为中华民族的母亲河，既是我国北方重要的生态屏障和生态廊道，也是我国重要的经济带。因此，摸清黄河流域国土空间本底状况及变化趋势，对黄河流域的生态保护和高质量发展具有重要意义。

从整个流域尺度来看，2020年，黄河流域的生态空间最大，面积为56.68万km²，约占整个流域面积的71.33%；农业空间次之，面积为19.95万km²，约占整个流域面积的25.11%；城镇空间最小，面积为2.83万km²，约占整个流域面积的3.56%。

从不同流域来看，黄河流域上、中、下游地区分别占整个流域面积的53.83%、43.32%和2.86%，分别统计各流域内三大国土空间的面积，发现黄河流域农业空间和城镇空间主要分布在中游地区；生态空间主要分布在上游和中游地区。黄河流域上游的农业空间面积为5.65万km²，占整个黄河流域农业空间的28.32%；中游面积为12.79万km²，占整个黄河流域农业空间的64.11%；下游面积为1.51万km²，占整个黄河流域农业空间的7.57%。黄河流域上游的城镇空间面积为0.96万km²，占整个黄河流域城镇空间的33.92%；中游面积为1.51万km²，占整个黄河流域城镇空间的53.36%；下游面积为0.36万km²，占整个黄河流域城镇空间的12.72%。黄河流域上游的生态空间面积为36.16万km²，占整个黄河流域生态空间的63.80%；中游面积为20.12万km²，占整个黄河流域生态空间的35.50%；下游面积为0.40万km²，占整个黄河流域生态空间的0.71%（表3-1）。

表3-1　2020年黄河流域上、中、下游内三大国土空间面积　　　　单位：万km²

国土空间类型	上游	中游	下游	合计
农业空间	5.65	12.79	1.51	19.95
城镇空间	0.96	1.51	0.36	2.83
生态空间	36.16	20.12	0.40	56.68
合计	42.77	34.42	2.27	79.46

从上、中、下游流域国土空间占比来看，黄河上游和中游主要以生态空间为主，下游地区以农业空间为主。黄河流域上游地区生态空间面积最大，占整个上游地区的84.55%；农业空间次之，占整个上游地区的13.21%；城镇空间面积最小，占整个上游地区的2.24%。中游地区生态空间面积最大，占整个中游地区的58.45%，占比略小于上游地区；农业空间次之，占整个中游地区的37.16%；城镇空间面积最小，占整个中游地区的4.39%。下游地区主要为农业空间，占整个下游地区的66.52%；生态空间次之，占下游地区的17.62%；城镇空间面积最小，占下游地区的15.86%。从各类国土空间在上、中、下游的占比情况可知，生态空间在上、中、下游的面积占比依次减小；农业空间和城镇空间在上、中、下游的面积占比则依次变大（图3-1）。

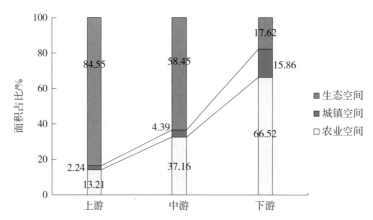

图3-1 2020年黄河流域上、中、下游各流域内三大国土空间面积占比

从空间分布来看，生态空间在黄河流域西部和北部分布较为集中，特别是西部青海和四川境内，生态空间集中连片分布；陕西以北、宁夏以东的内蒙古境内，生态空间大面积分布。此外，在黄河流域中部区域生态空间分布相对分散，被农业空间分割后呈斑块状或斑点状分布。农业空间在黄河流域东部分布较为集中，特别是下游的河南和山东境内，位于华北平原腹地，以及黄河流域西南部的渭河平原、北部的河套平原和宁夏平原等区域，农业空间分布相对集中。此外，在黄河流域中部广大区域，农业空间分布广泛，并与生态空间相互交织，空间形态较为破碎。城镇空间分布特征明显，黄河流域偏东部区域主要呈斑块状或斑点状镶嵌在农业空间中，西部和中部偏北的区域，城镇空间分布相对集中，周边分布有农业空间和生态空间（图3-2）。

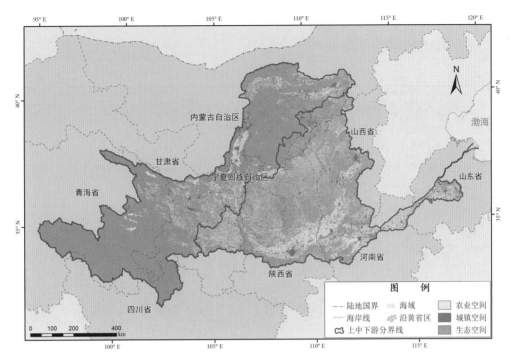

图 3-2　2020 年黄河流域国土空间分布

（二）黄河流域植被状况空间分布特征

黄河流域的植被分布现状以 2015—2019 年植被覆盖度均值来表示，由于荒漠生态系统的植被覆盖度极低，遥感对其变化监测结果易造成较大误差，因此本书主要对森林、灌丛、草地、农田 4 种植被生态系统类型进行了现状和变化监测，并针对上、中、下游，行政区，生态保护管控区等多种不同空间尺度，分析了流域植被覆盖的分布差异。

1. 植被覆盖分布特征

2015—2019 年，黄河流域植被覆盖度均值为 36.85%，空间分布差异明显，整体为南部高于北部，河源区和下游地区较高。植被覆盖度较高的区域主要分布在河南、山东、陕西南部、甘肃南部、山西、四川等地；在中游和上游交界地区分布有库布齐沙漠和毛乌素沙地，植被覆盖度较低。森林、灌丛、草地等自然植被的总面积占黄河流域总面积的 59.56%，平均植被覆盖度为 37.38%；其中，草地的分布面积最广，主要位于上游和中游地区，植被覆盖度为 29.43%；灌丛的植被覆盖度为 49.20%；森林的植被覆盖度最高，为 65.91%。农田占黄河流域总面积的 22.58%，植被覆盖度为 37.82%（图 3-3、图 3-4）。从气候区看，干旱和半干旱区植被覆盖度较低，平均植被覆盖度分别为9.38%、16.63%，湿润、半湿润区植被覆盖度较高，平均植被覆盖度分别为40.99%、49.12%。

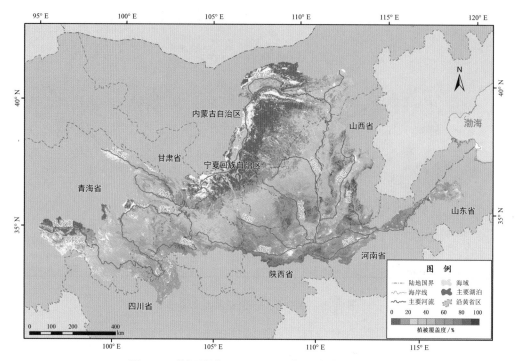

图3-3　黄河流域2015—2019年植被覆盖度均值

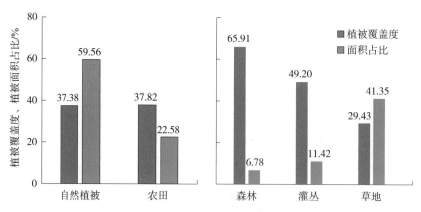

图3-4　黄河流域自然植被和农田的覆盖度及面积占比

2.不同空间尺度植被覆盖差异分析

（1）上、中、下游尺度

上、中、下游植被覆盖度依次增加。上游的植被面积最大，占黄河流域总面积的50.50%，植被覆盖度为27.38%；中游植被面积占黄河流域植被总面积的

46.88%，其植被覆盖度为46.05%；下游植被面积较小，只占黄河流域总面积的2.62%，但植被覆盖度达56.99%（图3-5）。

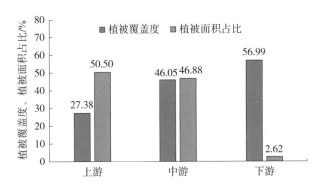

图3-5 黄河流域上、中、下游植被覆盖度及植被面积占比

（2）行政区尺度

黄河流域涉及9个省级行政区，其中，河南、四川的植被面积相对较小，分别占黄河流域总面积的1.92%、4.77%，但是其植被覆盖度很高，分别为61.95%、52.32%。而植被覆盖度较低的省区主要为内蒙古和宁夏，植被面积分别占黄河流域植被总面积的16.28%、6.27%，其植被覆盖度分别为14.80%和18.99%（图3-6）。

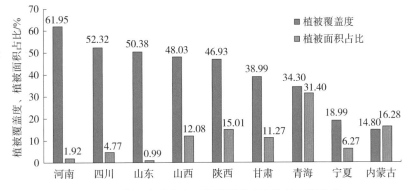

图3-6 黄河流域分省区植被覆盖度及植被面积占比

（3）生态保护管控区

从不同生态保护管控区来看，2015—2019年黄河流域生态保护红线内的植被覆盖度最高，为39.53%，高于流域平均水平。其次为重点生态功能区，植被覆盖度为36.25%；国家级自然保护区的植被覆盖度为34.36%（图3-7），低于全流域的植被覆盖度平均水平，这主要是由于其中还包括了生境质量较差的野生动植物、荒漠生态等类型的自然保护区。

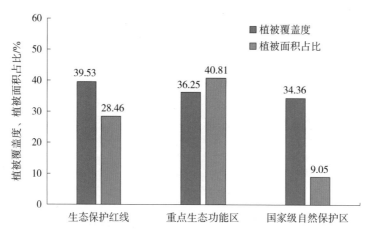

图 3-7　不同生态保护管控区植被覆盖度及各类管控区植被面积占黄河流域总面积的比例

（三）黄河流域水域状况分布特征

1. 水体面积分布特征

黄河流域的水体面积指陆表水域面积，包括河流、湖泊、水库、池塘等遥感可监测到的陆域表面水体。2015—2019 年，黄河流域平均水体面积为 6 693.59 km²。2019 年，黄河流域水体面积为 7 532.06 km²（图 3-8），其中，河流水体面积为 2 605.58 km²，湖库水体面积为 4 926.48 km²，二者面积占整个水体面积的比例分别为 34.59% 和 65.41%。

2. 不同空间尺度水体面积差异分析 [①]

（1）上、中、下游尺度

上、中、下游水体面积依次降低。黄河上游地区水体面积为 4 572.94 km²，占整个流域水体面积的比例为 68.32%，其中，黄河源区（龙羊峡以上）水体面积为 2 572.20 km²，约占整个黄河流域水体面积的 38.43%；中游地区水体面积为 1 424.30 km²，占整个黄河流域水体面积的 21.28%；下游水体面积为 696.35 km²，占整个黄河流域水体面积的 10.40%。见图 3-9。

[①]　该部分的水体面积指 2015—2019 年的平均值。

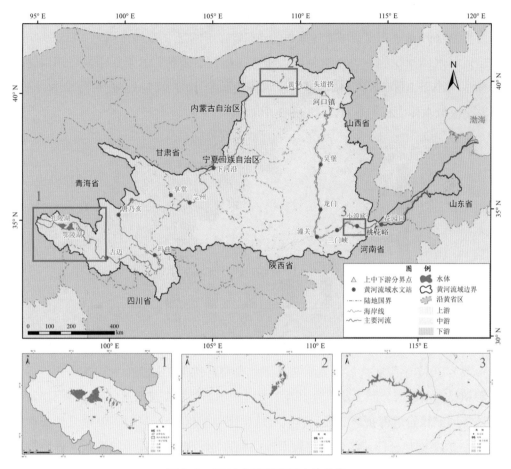

图 3-8　2019 年黄河流域水体分布

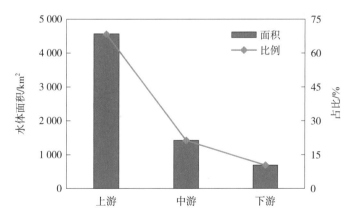

图 3-9　黄河流域上、中、下游各区域水体面积及占黄河流域水体总面积的比例

（2）行政区尺度

从省区来看，2015—2019 年青海水体面积最大，内蒙古次之。青海水体面积约为 2 696.69 km²，占全流域水体面积的 40.29%；内蒙古的水体面积为 1 135.39 km²，占全流域水体面积的 16.96%；河南、山东、山西、陕西、甘肃、宁夏、四川的水体面积均小于 1 000 km²，依次减少；水体面积最小的为四川，面积为 51.68 km²，占整个流域水体面积的 0.77%。见图 3-10。

图 3-10　黄河流域各省区水体面积及占比

截至 2017 年年底，黄河流域共有湿地类型自然保护地 230 处。其中，包括三江源和祁连山国家公园 2 处，若尔盖、黄河三角洲、新乡黄河湿地水鸟、河南黄河湿地等国家级自然保护区 9 处，省级湿地类型自然保护区 54 处，县级自然保护区 14 处，国家湿地公园 145 处，省级湿地公园 6 处。有青海扎陵湖湿地、青海鄂陵湖湿地、四川若尔盖湿地国家级自然保护区、鄂尔多斯遗鸥国家级自然保护区和山东黄河三角洲湿地等国际重要湿地 5 处（孙工棋等，2020）。

 专栏 3-1：汾河流域和渭河流域河流总体轻度干涸断流
· ·

利用亚米级高分辨率卫星影像，对 2020 年春灌期（3—5 月）汾河流域和渭河流域内国家地表水考核断面（以下简称"国考断面"）所在河流断流情况开展了监测，监测河流共计 35 条。监测结果如下：

1. 汾河流域

从区域来看，汾河流域纳入此次监测的 6 个城市均存在干涸断流现象，其中，临汾干涸河道最长，太原次之。从河流来看，有效影像覆盖的 8 条河流中有 7 条存在干涸断流现象，其中，浍河干涸河道最长，其次为涝河（图 1）。

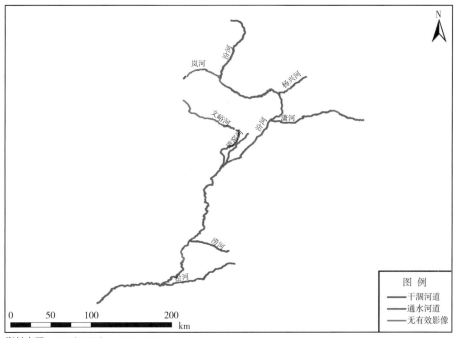

资料来源：GFI（BCD）、GF6、BJ2。

图 1　汾河流域 2020 年春灌期干涸河道分布

2. 渭河流域

从区域来看，渭河流域纳入此次监测的 14 个城市中，有 10 个城市存在干涸断流现象，其中，咸阳干涸河道最长，庆阳次之。从河流来看，有效影像覆盖的 27 条河流中有 13 条存在干涸断流现象，其中，漆水河干涸河道最长，其次为泔河（图 2）。

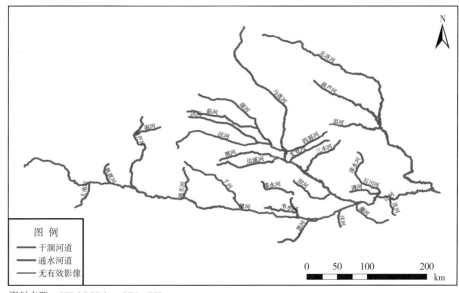

资料来源：GFI（BCD）、GF6、BJ2。

图 2　渭河流域 2020 年春灌期干涸河道分布

3.汾河流域较渭河流域干涸断流严重

汾河流域和渭河流域有效影像覆盖的 35 条河流中有 20 条存在干涸断流现象，占河流总数的 57.1%，干涸河道总长度为 490.48 km，占河流总长度的 8.3%（表 1）。

表 1 两大流域河流数量与长度信息统计

流域	河流条数 / 条			干涸条数占比 / %	河流长度 /km			干涸长度占比 / %
	干涸条数	通水条数	总条数		干涸长度	通水长度	总长度	
汾河流域	7	1	8	87.5	186.05	949.65	1 135.7	16.38
渭河流域	13	14	27	48.1	304.43	4 467.43	4 771.86	6.38

通过对比分析发现：汾河流域干涸河流条数占比和干涸长度占比较渭河流域高。整体来看，汾河流域较渭河流域河流干涸断流严重。

（四）黄河流域生态系统服务功能空间分布特征

1.黄河上游水源涵养服务功能

基于生态系统分类、年降水量和蒸散发等数据，利用水量平衡法计算了黄河上游的水源涵养量，评估黄河上游水源涵养总体状况，并从行政区、三级流域和生态保护管控区三个尺度对黄河上游水源涵养服务功能空间差异开展定量分析。

（1）水源涵养量空间分布特征

黄河上游贡献了全流域 56.79% 的水源涵养量，单位面积水源涵养量分别比中游和下游高 10.94% 和 49.66%。2019 年，黄河上游水源涵养量为 472.30 亿 m^3，单位面积水源涵养量为 11.04 万 m^3/km^2，空间上整体呈现由西南向东北降低的特征（图 3-11）。

水源涵养量高值区主要分布在四川北部若尔盖湿地、甘南地区、青海三江源东部、祁连山和湟水谷地等地区，单位面积水源涵养量多为 25 万 m^3/km^2 以上。此区域植被覆盖度较高，同时湖泊和沼泽众多，水资源丰富，降水量多，温度低，蒸发量小，具有较强的水源涵养能力。

水源涵养量低值区主要分布在甘肃中部、鄂尔多斯高原、河套平原等地区，气候干旱，区域内还有库布齐沙漠和毛乌素沙地，植被覆盖度相对较低，水源涵养功能较弱，单位面积水源涵养量大多低于 5 万 m^3/km^2。

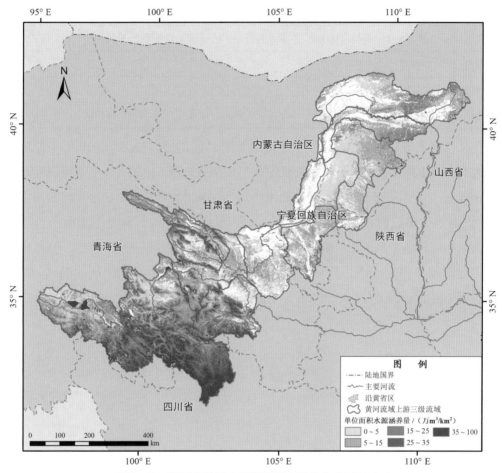

图 3-11　黄河上游区水源涵养量空间分布（2019 年）

（2）不同空间尺度水源涵养量差异分析

（a）行政区尺度

黄河上游面积 42.77 万 km²，区域涉及青海、四川、甘肃、宁夏、内蒙古和陕西 6 个省区。其中，青海占上游面积最大，为 35.31%，其次是内蒙古和甘肃，面积占比分别为 29.88% 和 19.38%。陕西占黄河上游面积最小，仅为 1.05%，见表 3-2。

表 3-2　黄河上游涉及各省级行政区水源涵养量情况

省区	面积 / 万 km²	面积占比 /%	水源涵养总量 / 亿 m³	单位面积水源涵养量 /（万 m³/km²）
青海	15.10	35.31	234.86	15.55
内蒙古	12.78	29.88	64.12	5.02
甘肃	8.29	19.38	90.94	10.97
宁夏	4.28	10.01	18.01	4.21

续表

省区	面积 / 万 km²	面积占比 /%	水源涵养总量 / 亿 m³	单位面积水源涵养量 / (万 m³/km²)
四川	1.87	4.37	62.18	33.25
陕西	0.45	1.05	2.19	4.87
总计	42.77	100.00	472.30	11.04

从省区来看,青海和甘肃对上游水源涵养功能的贡献较大。2019 年,青海和甘肃对黄河上游水源涵养总量的贡献率分别为 49.73% 和 19.25%,单位面积水源涵养量较高,分别为 15.55 万 m³/km² 和 10.97 万 m³/km²。宁夏水源涵养量较低,贡献率为 3.81%,单位面积水源涵养量最低,为 4.21 万 m³/km²,对上游水源涵养功能的贡献相对较弱。四川在上游的面积虽然仅占黄河上游总面积的 4.37%,但其水源涵养量贡献率为 13.16%,且单位面积水源涵养量最高,为 33.25 万 m³/km²。陕西在黄河上游的面积仅有 0.45 万 km²,水源涵养量贡献率为 0.46%(图 3-12)。

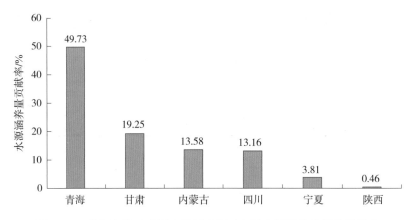

图 3-12　黄河上游 6 省区水源涵养量对上游水源涵养总量的贡献率

(b)三级流域分区尺度

黄河上游河流湖泊较多,主要涉及 12 个三级流域,分别为河源至玛曲、玛曲至龙羊峡、龙羊峡至兰州干流区间、湟水、大通河享堂以上、大夏河与洮河、兰州至下河沿、清水河与苦水河、下河沿至石嘴山、石嘴山至河口镇北岸、石嘴山至河口镇南岸、内流区(图 3-13)。其中,河源至玛曲、石嘴山至河口镇北岸、玛曲至龙羊峡和内流区 4 个流域分区面积占黄河上游总面积的比例较大,分别为 20.18%、12.86%、10.57% 和 9.70%(表 3-3)。

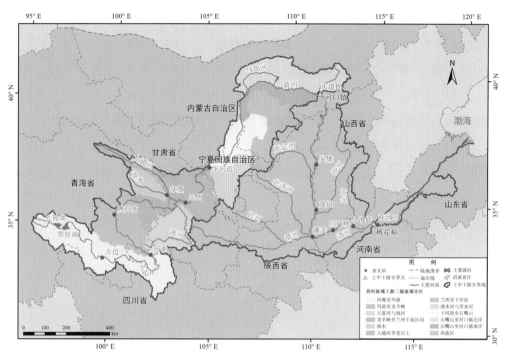

图 3-13　黄河上游三级流域分区

表 3-3　黄河上游三级流域分区水源涵养量等情况

序号	三级流域分区	面积 / 万 km²	面积占比 /%	水源涵养量 / 亿 m³	单位面积水源涵养量 / (万 m³/km²)
1	河源至玛曲	8.63	20.18	200.86	23.27
2	玛曲至龙羊峡	4.52	10.57	63.44	14.04
3	龙羊峡至兰州干流区间	2.69	6.29	26.13	9.71
4	湟水	1.55	3.62	17.81	11.49
5	大通河享堂以上	1.52	3.55	17.53	11.53
6	大夏河与洮河	3.33	7.79	50.14	15.06
7	兰州至下河沿	3.16	7.39	11.94	3.78
8	清水河与苦水河	2.39	5.59	14.59	6.10
9	下河沿至石嘴山	3.19	7.46	5.89	1.85
10	石嘴山至河口镇北岸	5.50	12.86	26.47	4.81
11	石嘴山至河口镇南岸	2.14	5.00	13.36	6.24
12	内流区	4.15	9.70	24.14	5.82
	总计	42.77	100.00	472.30	11.04

从三级流域分区来看，河源至玛曲分区对上游水源涵养总量的贡献较大。由表 3-3、图 3-14 可知，该流域分区水源涵养量最高，为 200.86 亿 m³，贡献了黄河上游水源涵养总量的 42.53%，单位面积水源涵养量也最大，为 23.27 万 m³/km²。该流域分区属于黄河源区，是黄河重要的产流区，湖泊沼泽多，植被生长旺盛，水源涵养能力较强。其次是玛曲至龙羊峡、大夏河与洮河分区，水源涵养量分别为 63.44 亿 m³ 和 50.14 亿 m³，对黄河上游水源涵养总量的贡献率分别为 13.43% 和 10.62%，此区域主要分布着洮河、太子山、尕海—则岔等森林生态类型的国家级自然保护区，水源涵养功能重要。下河沿至石嘴山分区水源涵养量最低，仅为 5.89 亿 m³，贡献率为 1.25%，单位面积水源涵养量也最低，为 1.85 万 m³/km²。

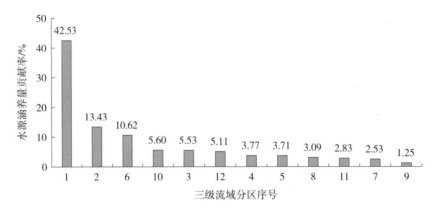

图 3-14　黄河上游三级流域分区水源涵养量对上游水源涵养总量的贡献率

注：1. 河源至玛曲；2. 玛曲至龙羊峡；3. 龙羊峡至兰州干流区间；4. 湟水；5. 大通河享堂以上；6. 大夏河与洮河；7. 兰州至下河沿；8. 清水河与苦水河；9. 下河沿至石嘴山；10. 石嘴山至河口镇北岸；11. 石嘴山至河口镇南岸；12. 内流区。

（c）生态保护管控区

黄河上游涉及 28 个国家级自然保护区，面积约为 7.20 万 km²，占黄河上游面积的 16.83%；涉及生态保护红线面积约 13.55 万 km²，占黄河上游面积的 31.68%；涉及重点生态功能区 9 个，面积约为 21.80 万 km²，占黄河上游面积的 50.97%，其中，包含 4 个主导功能为水源涵养的重点生态功能区，分别为三江源草原草甸湿地生态功能区、甘南黄河重要水源补给生态功能区、祁连山冰川与水源涵养生态功能区和若尔盖草原湿地生态功能区（图 3-15）。

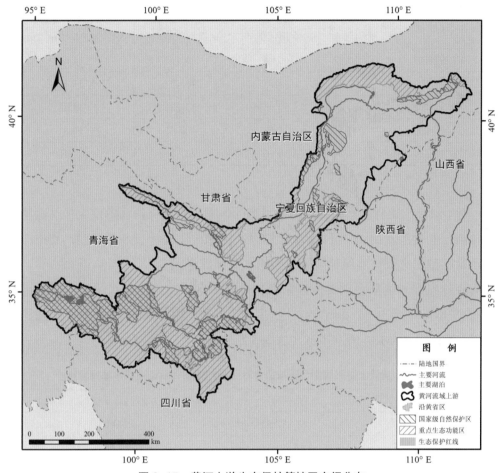

图 3-15 黄河上游生态保护管控区空间分布

黄河上游生态保护管控区的水源涵养量高于非管控区。黄河上游涉及的生态保护管控区内，2019 年的单位面积水源涵养量为 14.43 万 m³/km²，管控区内的水源涵养量占上游水源涵养总量的 79.49%。其中，国家级自然保护区、重点生态功能区、生态保护红线的单位面积水源涵养量依次增加，分别为 13.40 万 m³/km²、14.28 万 m³/km²、15.87 万 m³/km²，对上游水源涵养总量的贡献率分别为 20.42%、73.22%、40.96%。而在以上三类生态保护管控区域以外的非管控区域，占上游总面积的 39.16%，水源涵养量的贡献率仅为 20.51%，单位面积水源涵养量也只有 5.78 万 m³/km²（表 3-4）。总体来看，生态保护红线、重点生态功能区和国家级自然保护区内水源涵养量较高，比非管控区域分别高出 1.75 倍、1.47 倍和 1.32 倍。

表3-4 黄河上游不同类型生态保护管控区水源涵养量等情况

不同生态保护管控类型	面积 /万 km²	占上游总面积比例 /%	对上游水源涵养总量贡献率 /%	单位面积水源涵养量 /（万 m³/km²）
生态保护管控区	26.02*	60.84	79.49	14.43
国家级自然保护区	7.20	16.83	20.42	13.40
重点生态功能区	21.80	50.97	73.22	14.28
生态保护红线	13.55	31.68	40.96	15.87
非管控区	16.75	39.16	20.51	5.78

注：* 指去除重叠后的土地面积。

野生动物、森林生态和内陆湿地类型的国家级自然保护区单位面积水源涵养量较高。上游涉及的 28 个国家级自然保护区中，主要涉及 8 种类型，其中，野生动物类型国家级自然保护区单位面积水源涵养量最高，为 17.60 万 m³/km²。其次为森林生态和内陆湿地类型国家级自然保护区，单位面积水源涵养量分别为 15.65 万 m³/km² 和 14.12 万 m³/km²。古生物遗迹类型国家级自然保护区单位面积水源涵养量最低，为 1.01 万 m³/km²（表 3-5）。

表3-5 黄河上游不同类型国家级自然保护区面积和单位面积水源涵养量

国家级自然保护区类型	面积 /km²	单位面积水源涵养量 /（万 m³/km²）
野生动物	1 857.52	17.60
森林生态	16 229.00	15.65
内陆湿地	46 900.10	14.12
地质遗迹	14.77	12.02
草原草甸	23.11	10.56
荒漠生态	1 990.09	4.00
野生植被	4 501.17	1.51
古生物遗迹	469.85	1.01

若尔盖湿地国家级自然保护区单位面积水源涵养量最高。单位面积水源涵养量排名前 10 位的国家级自然保护区属于野生动物、森林生态和内陆湿地类型保护区（图 3-16）。其中，若尔盖湿地国家级自然保护区属于内陆湿地类型的保护区，是青藏高原上面积最大的高原沼泽湿地分布区，也是黄河的源头区，单位面积水源涵养量最高，为 25.30 万 m³/km²。其次是洮河、黄河首曲、尕海—则岔国家级自然保护区，均位于甘南藏族自治州，单位面积水源涵养量分别是 24.66 万 m³/km²、23.88 万 m³/km² 和 23.73 万 m³/km²。

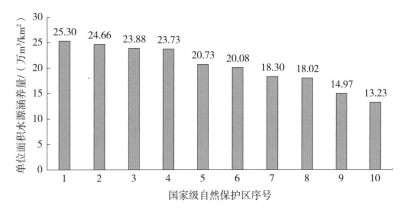

图 3-16　排名前 10 位的黄河上游国家级自然保护区单位面积水源涵养量

注：1. 若尔盖湿地；2. 洮河；3. 黄河首曲；4. 尕海—则岔；5. 太子山；6. 大通北川河源区；7. 红碱淖；8. 长沙贡玛；9. 兴隆山；10. 三江源。

　　主导功能为水源涵养的重点生态功能区对黄河上游水源涵养功能贡献较大。三江源草原草甸湿地生态功能区、甘南黄河重要水源补给生态功能区、若尔盖草原湿地生态功能区和祁连山冰川与水源涵养生态功能区 4 个重点生态功能区的主导功能为水源涵养，其水源涵养量分别占上游水源涵养总量的 37.18%、13.26%、12.47% 和 4.22%。其中，若尔盖草原湿地生态功能区的单位面积水源涵养量最高，为 34.67 万 m^3/km^2。川滇森林及生物多样性生态功能区和秦巴生物多样性生态功能区占黄河上游面积比例较小，对上游水源涵养总量的贡献率虽然不高，仅为 0.76% 和 0.08%，但该区域植被覆盖度较高，单位面积水源涵养量相对较高，分别为 20.56 万 m^3/km^2 和 26.70 万 m^3/km^2（图 3-17）。

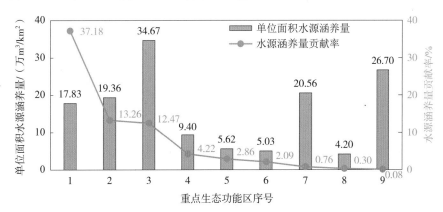

图 3-17　黄河上游不同国家重点生态功能区单位面积水源涵养量

注：1. 三江源草原草甸湿地生态功能区；2. 甘南黄河重要水源补给生态功能区；3. 若尔盖草原湿地生态功能区；4. 祁连山冰川与水源涵养生态功能区；5. 黄土高原丘陵沟壑水土保持生态功能区；6. 阴山北麓草原生态功能区；7. 川滇森林及生物多样性生态功能区；8. 阿拉善沙漠化防治生态功能区；9. 秦巴生物多样性生态功能区。

甘肃、青海、陕西、宁夏和内蒙古 5 个省区在黄河上游的生态保护红线单位面积水源涵养量均高于非红线区。其中，甘肃生态保护红线单位面积水源涵养量为 19.23 万 m³/km²，较甘肃全省单位面积平均水源涵养量高 75.14%。青海生态保护红线的单位面积水源涵养量较省域值高 0.84 万 m³/km²，高值区主要分布在久治县、甘德县和达日县的生态保护红线内。四川在黄河上游的生态保护红线主要分布在阿坝县、若尔盖县和红原县，区域内单位面积水源涵养量最高，为 32.47 万 m³/km²，略低于四川全省平均值（图 3-18）。

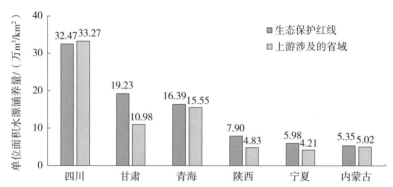

图 3-18　黄河上游涉及的省域单位面积水源涵养量及范围内生态保护红线单位面积水源涵养量

2. 黄河中游土壤保持服务功能

基于数字高程、地貌类型、不同时期土地利用 / 土地覆盖数据，以 2000—2019 年 500 m 逐月降水量、500 m 植被覆盖度为输入，利用 InVEST 模型对黄河中游的土壤保持服务功能进行评估。根据黄河中游土壤保持量的高低以及土壤保持量与侵蚀量的差距，来判断黄河中游土壤保持服务功能总体情况，分析土壤保持服务功能空间分布差异。

（1）土壤保持服务功能空间分布特征

黄河中游土壤保持服务功能整体较强。2019 年，黄河中游单位面积土壤保持量为 1.42 万 t/km²，单位面积土壤侵蚀量为 0.75 万 t/km²，总体来看，单位面积土壤保持量为土壤侵蚀量的 1.89 倍。

单位面积土壤保持量高值区主要分布于陕西、山西、甘肃、河南的丘陵、山地等坡度较大的地貌区，该类区域坡度较高，导致其土壤侵蚀量及土壤保持量较高，在 1 万 t/km² 以上。

单位面积土壤保持量低值区主要分布于内蒙古的沙漠（地），陕西、山西、河南的平原区，以及 6 个省区的坡度较小的山地、丘陵地貌区，该类区域坡度较缓，产生径流的动力较小，因此其土壤侵蚀量及土壤保持量均较低，在 1 万 t/km² 以下（图 3-19）。

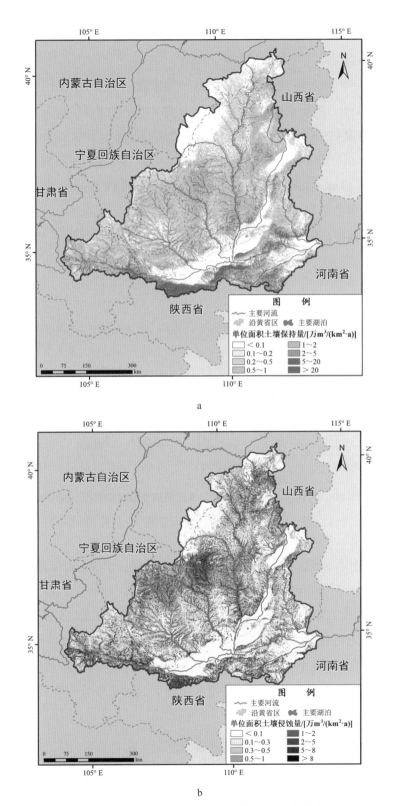

图3-19　黄河中游土壤保持（a）和土壤侵蚀（b）空间分布（2019年）

（2）不同空间尺度土壤保持服务功能差异分析

（a）行政区尺度

从省区看，河南、陕西土壤保持服务功能最强，内蒙古最低。黄河中游总面积为34.42万km²，涉及6个省区，分别为陕西、山西、内蒙古、甘肃、河南、宁夏，面积分别为12.83万km²、9.69万km²、2.33万km²、5.99万km²、2.72万km²和0.86万km²。土壤保持服务功能较强的为河南、陕西，单位面积土壤保持量分别为2.06万t/km²、1.90万t/km²，单位面积土壤侵蚀量分别为0.54万t/km²和0.94万t/km²，单位面积土壤保持量远大于土壤侵蚀量。其余省区土壤保持服务功能相对较低，其中，内蒙古土壤侵蚀量是土壤保持量的1.84倍，土壤保持功能最低（图3-20）。

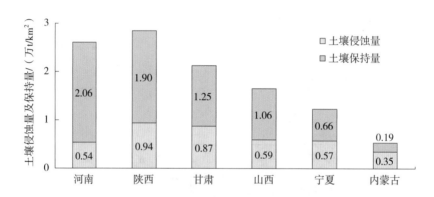

图 3-20 2019 年黄河中游各省区单位面积土壤保持量及土壤侵蚀量

（b）三级流域分区尺度

黄河中游南部的三级流域土壤保持服务功能较强。土壤保持服务功能相对较强的为渭河宝鸡峡至咸阳流域区、三门峡至小浪底区间，其单位面积土壤保持量分别为4.15万t/km²和3.34万t/km²，分别是单位面积土壤侵蚀量的3.52倍和5.57倍；吴堡以上右岸土壤保持服务功能最低，且是唯一一个单位面积土壤保持量小于土壤侵蚀量的子流域，单位面积土壤保持量与土壤侵蚀量分别为0.40万t/km²和0.66万t/km²。从空间分布来看，单位面积土壤保持量较高的子流域主要分布于黄河中游的南部（图3-22）。

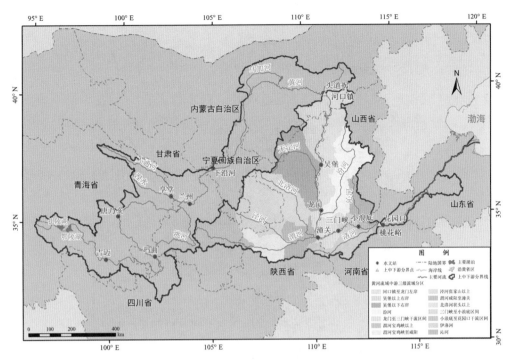

图 3-21　黄河中游三级流域分区

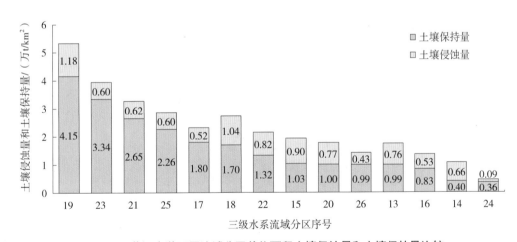

图 3-22　黄河中游不同流域分区单位面积土壤侵蚀量和土壤保持量比较

注：13. 河口镇至龙门左岸；14. 吴堡以上右岸；15. 吴堡以下右岸；16. 汾河；17. 龙门至三门峡干流区间；18. 渭河宝鸡峡以上；19. 渭河宝鸡峡至咸阳；20. 泾河张家山以上；21. 渭河咸阳至潼关；22. 北洛河状头以上；23. 三门峡至小浪底区间；24. 小浪底至花园口干流区间；25. 伊洛河；26. 沁河。

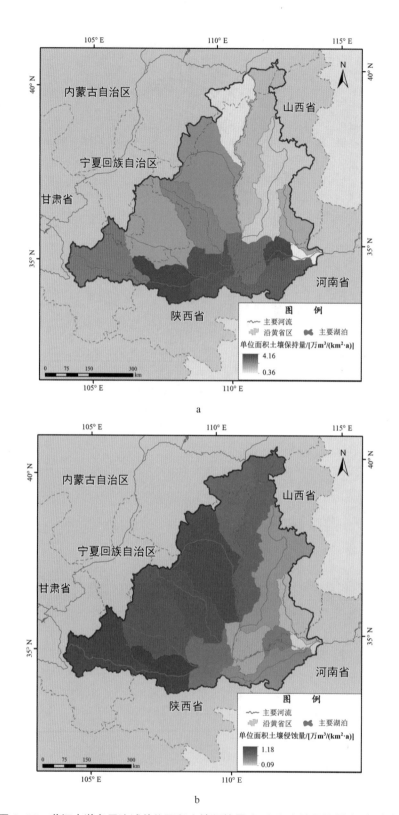

图 3-23 黄河中游各子流域单位面积土壤保持量（a）和土壤侵蚀量（b）分布

（c）生态保护管控区

生态保护管控区的土壤保持能力相对较高。2019 年，黄河中游生态保护管控区包含 26 个国家级自然保护区、3 个重点生态功能以及 5.91 万 km² 的生态保护红线，总面积为 14.29 万 km²，单位面积土壤保持量为 1.90 万 t/km²，高于非管控区的 1.08 万 t/km²。占黄河中游总面积 41.52% 的生态保护管控区土壤保持总量为 27.16 亿 t，贡献了黄河中游土壤保持总量的 55.66%（图 3-24、表 3-6）。

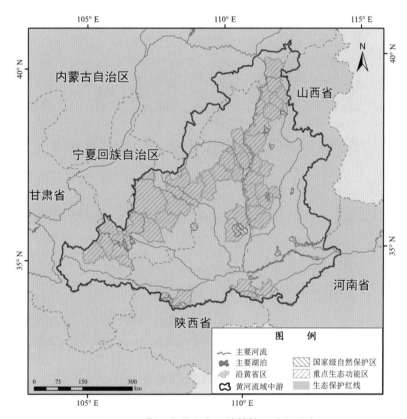

图 3-24　黄河中游生态保护管控区空间分布

表 3-6　黄河中游管控区与非管控区面积与土壤保持总量

管控区类型	面积 / 万 km²	土壤保持量 / 亿 t	土壤侵蚀量 / 亿 t
管控区	14.29*	27.16	13.64
国家级自然保护区	0.58	3.13	0.59
重点生态功能区	10.32	16.97	10.23
生态保护红线	5.91	15.73	5.58
非管控区	20.13	21.64	12.16

注：* 指去除重叠后的土地面积。

黄河中游涉及省区生态保护红线单位面积土壤保持量均高于各自省域平均值（图3-25），二者比值最高的为河南、陕西、内蒙古，分别为2.29、1.95、1.84。除甘肃以外，其他5个省区生态保护红线单位面积土壤侵蚀量高于省域均值（图3-26）。

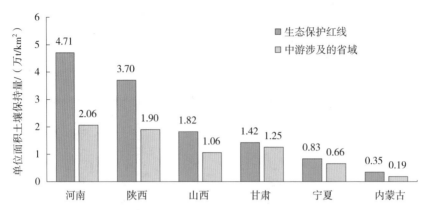

图3-25　黄河中游6省区生态保护红线单位面积土壤保持量

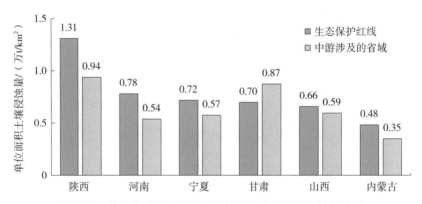

图3-26　黄河中游6省区生态保护红线单位面积土壤侵蚀量

3. 黄河下游生物多样性维持服务功能

生物多样性维持服务功能受生态系统类型、植被、水体等自然生态环境影响，因此，首先，通过生态系统类型分布情况对黄河三角洲的生境类型进行分析；其次，利用植被覆盖度来表征植被的空间分布差异和变化情况；再次，用稳定性水体表示陆域水体的空间分布和变化情况；最后，基于三期生态系统类型和鸟类受威胁状况，对生物多样性维持服务功能进行评价，生境质量指数越高表明生物多样性维持服务功能越好。为了对黄河三角洲开展精细化评估，利用卫星遥感影像制作了1999年、2009年、2017年三期湿地分类数据，在此基础上计算生境质量指数，开展黄河下游生物多样性维持服务功能评估。

监测和评估结果表明：黄河三角洲的植被主要沿河道分布，2015—2019年平均值为 22.20%。黄河三角洲陆域水体 2015—2019 年平均面积为 347.27 km^2。生境质量主要集中于低值区（0.1～0.3），面积占比高达 75.19%。2017 年的平均生境质量指数为 0.26，黄河三角洲国家级自然保护区内优于保护区外，生境质量指数分别为 0.45 和 0.15。

（1）生物多样性维持服务功能各要素空间分布特征

（a）生态系统类型

黄河三角洲陆域面积约 3 000 km^2。自然湿地面积较大，2017 年为 1 232.05 km^2，占三角洲陆域面积的 41%，其中主要分布有盐沼湿地、草本沼泽和灌丛湿地等。2017 年人工湿地面积为 915.43 km^2，占陆域面积的 31%，其中主要包括水田和养殖池（图 3-27、表 3-7）。

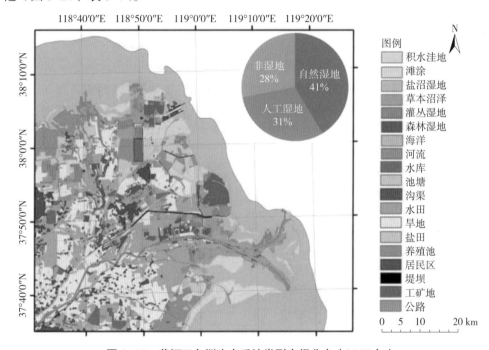

图 3-27　黄河三角洲生态系统类型空间分布（2017 年）

表 3-7　2017 年黄河三角洲生态系统类型面积　　　　　　　　　　单位：km^2

	生态系统类型	面积
自然湿地	盐沼湿地	313.79
	草本沼泽	265.18
	灌丛湿地	194.05
	积水洼地	140.46
	森林湿地	116.88
	滩涂	102.98
	河流	98.72

续表

生态系统类型		面积
人工湿地	水田	432.04
	养殖池	270.16
	盐田	120.77
	水库	58.33
	池塘	25.66
	沟渠	8.47
非湿地	旱地	619.15
	居民区	120.97
	工矿地	70.65
	公路	13.84
	堤坝	11.51

（b）植被覆盖度

2015—2019年，黄河三角洲植被覆盖度均值为22.20%。植被高值区主要沿河道分布，沿滨海区生态系统类型以滩涂和盐沼洼地为主，植被覆盖度较低（图3-28）。

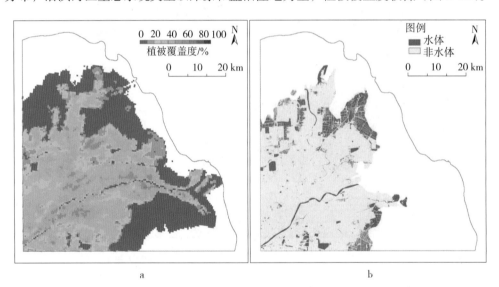

图3-28 黄河三角洲植被覆盖度（a）和陆表水体（b）空间分布

（c）水体面积

黄河三角洲是我国北方滨海湿地的典型代表，也是东亚—澳大利亚水鸟迁徙路线中保障候鸟南北迁徙的重要"中转站"，在全球尺度上的滨海湿地鸟类生境网络和生物多样性保护方面发挥着至关重要的作用。通过对其稳定水体进行监测，黄河三角洲陆域水体面积为347.27 km²，从分布形状来看，人工化明显，尤其是在靠近滨海的区域。

（d）生境质量

根据 2017 年黄河三角洲生境质量分布来看，生境质量整体不高（图 3-29）。其中，高值区集中在滨海湿地自然资源丰富区。根据生境质量指数等级来看，生境质量主要集中于低值区（0.1～0.3），面积占比达 75.19%。

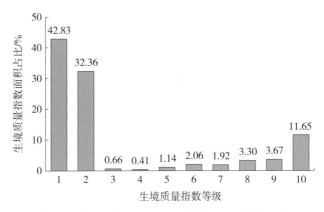

图 3-29　黄河三角洲不同生境质量指数等级的面积占比

注：等级由低至高划分为 1～10 级。

（2）生态保护管控区内外生境质量差异分析

在黄河三角洲研究区范围内，保护区生境质量指数为 0.45，高于保护区外的 0.15，保护区内的生物多样性维持服务功能明显优于保护区外；自然保护区内，缓冲区的生境质量指数最高，为 0.61，生物多样性维持服务功能最高；其次为核心区，生境质量指数为 0.58。

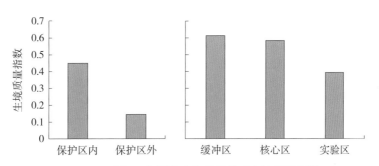

图 3-30　黄河三角洲生态保护管控区生境质量指数

四
黄河流域生态状况变化及
恢复成效分析

（一）黄河流域生态系统变化

1. 黄河流域生态系统总体变化特征

从整个黄河流域来看，1980s[①]—2020 年，黄河流域生态空间面积一直最大，占黄河流域的面积比例基本为 71%～72%，呈波动变化趋势，1980s—2020 年，总体呈减少趋势，共减少了 0.44%，变化幅度最小。农业空间面积占比仅次于生态空间，占黄河流域总面积的比例基本为 25%～27%，呈先减少后增加再减少的变化趋势，1980s—2020 年，总体呈减少趋势，共减少了 1.03%。城镇空间面积最小，面积占比基本为 2%～4%，但在 1980s—2020 年，呈持续增长的趋势，总体增加了 1.47%，变化幅度最大（图 4-1）。

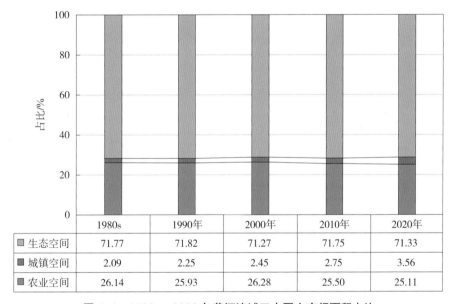

	1980s	1990年	2000年	2010年	2020年
▨ 生态空间	71.77	71.82	71.27	71.75	71.33
■ 城镇空间	2.09	2.25	2.45	2.75	3.56
▨ 农业空间	26.14	25.93	26.28	25.50	25.11

图 4-1 1980s—2020 年黄河流域三大国土空间面积占比

从不同时段具体变化（图 4-2）来看，生态空间在前 20 年（1980s—2000 年）呈先增加后减少的趋势，1980s—1990 年，增加了 0.05 个百分点，1990—2000 年，减少了 0.55 个百分点，总体呈减少趋势；后 20 年（2000—2020 年）呈先增加后减少的趋势，2000—2010 年，增加了 0.48 个百分点，2010—2020 年，减少了 0.42 个百分点，总体呈增加趋势。

城镇空间一直呈增加趋势，且增长幅度呈递加趋势，1980s—1990 年，城镇空

---

① 1980s 表示 20 世纪 80 年代。

间增长了 0.16 个百分点，1990—2000 年，增长了 0.20 个百分点，2000—2010 年，增长了 0.30 个百分点，2010—2020 年，增长了 0.81 个百分点，特别是后 10 年（2010—2020 年），增长幅度高于前 30 年（1980s—2010 年）增长之和。

农业空间在前 20 年波动变化，在后 20 年持续减少。其中，1980s—1990 年，农业空间减少了 0.21 个百分点；1990—2000 年，又呈增加趋势，增加了 0.35 个百分点；2000 年以后，农业空间持续减少，其中，2000—2010 年减少了 0.78 个百分点，2010—2020 年减少了 0.39 个百分点，后 20 年平均每年约减少 0.06 个百分点。

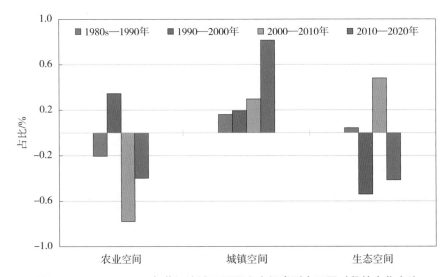

图 4-2　1980s—2020 年黄河流域不同国土空间类型在不同时段的变化占比

从上、中、下游三大国土空间面积占比变化来看，1980s—2020 年黄河不同流域的生态空间变化差异明显，特别是中游和下游，中游变化幅度最小，下游变化幅度最大。其中，上游生态空间面积占比基本在 84%～86% 波动变化，呈先持续减少后波动上升的趋势；中游生态空间面积占比基本在 58%～59% 波动变化，变化幅度极小；下游生态空间面积占比基本在 17%～23% 波动变化，且呈持续减少的趋势。总体来看，黄河流域生态空间波动幅度最小的是中游地区，波动幅度基本在 1 个百分点之内；下游生态空间波动最大，波动幅度接近 5 个百分点；上游生态空间波动相对较小，基本为 1～2 个百分点。

1980s—2020 年，黄河不同流域的城镇空间均表现出持续增加的趋势，但增加幅度存在一定的差异。其中，上游城镇空间增幅相对较小，从 1.41% 增加到 2.25%，增加不到 1 个百分点；中游城镇空间增加幅度略高于上游地区，从 2.21% 增加到 4.39%，增加了 1.81 个百分点；下游城镇空间增加幅度最大，从 10.96% 增加到 15.86%，增加了近 5 个百分点。

1980s—2020 年，黄河不同流域的农业空间变化差异明显，总体均有所减少。其中，上游农业空间面积占比呈先增加后减少的趋势，从 14.18% 增加到 14.98%，后又减少到 13.21%；中游农业空间减少幅度最大，基本呈一直减少的趋势，从 34.53% 减少到 37.16%，减少了 2.39 个百分点；下游农业空间波动相对较大，但总体减少幅度相对较小，呈先增加后减少的趋势，从 66.46% 增加到 66.52%，增加了 0.06 个百分点（图 4-3）。

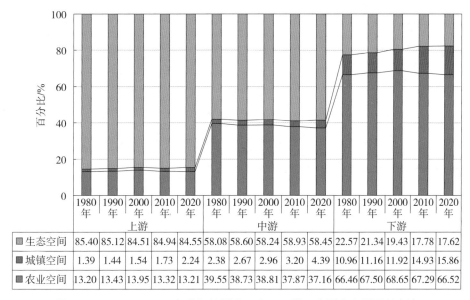

	1980年	1990年	2000年	2010年	2020年	1980年	1990年	2000年	2010年	2020年	1980年	1990年	2000年	2010年	2020年
			上游					中游					下游		
■生态空间	85.40	85.12	84.51	84.94	84.55	58.08	58.60	58.24	58.93	58.45	22.57	21.34	19.43	17.78	17.62
■城镇空间	1.39	1.44	1.54	1.73	2.24	2.38	2.67	2.96	3.20	4.39	10.96	11.16	11.92	14.93	15.86
■农业空间	13.20	13.43	13.95	13.32	13.21	39.55	38.73	38.81	37.87	37.16	66.46	67.50	68.65	67.29	66.52

图 4-3　1980s—2020 年黄河流域上、中、下游三大国土空间面积占比

从空间分布来看，1980s—2020 年，黄河流域国土空间类型未变化区域较大，占整个黄河流域的 94.99%，特别是上游的中部和西部、中游的西北部等地区，国土空间类型变化很小。变化相对剧烈的区域主要分布在黄河流域的宁夏平原和河套平原地区，以及黄河下游地区和陕西、山西境内，呈零散分布，相对集中的区域主要分布在城市周边（图 4-4）。

2. 黄河流域生态系统转换特征

1980s—2020 年，黄河流域三大国土空间共有 3.98 万 km² 的面积发生了相互转化，约占整个黄河流域面积的 5%，其中，生态空间和农业空间之间的转化面积最大。三大国土空间未变化区域远大于变化区域，其中，农业空间转为城镇空间和生态空间的总面积为 2.14 万 km²，占比为 10.31%；未转化区域为 18.62 万 km²，占比为 89.69%；生态空间转为城镇空间和农业空间为 1.71 万 km²，占比为 3% 左右，未转化区域为 55.31 万 km²，占比为 97%。

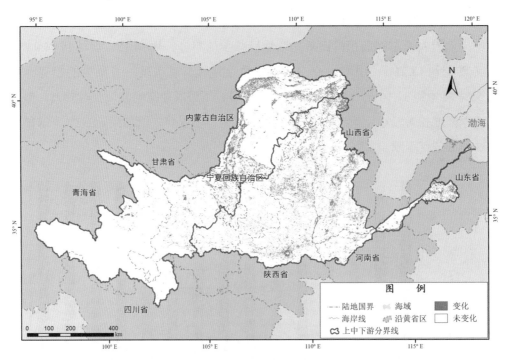

图 4-4　1980s—2020 年黄河流域国土空间变化的空间分布

分不同国土空间类型来看，1980s—2020 年，生态空间转出面积总体大于转入面积，主要转出方向是农业空间，转出面积为 1.25 万 km²，占生态空间转出总面积的 73.10%；主要转入方向也是农业空间，共转入 1.31 万 km²，占生态空间转入总面积的 96.32%。黄河流域生态空间由农业空间转入的面积要高于转为农业空间的面积，高出 0.06 万 km²，仅从生态空间和农业空间之间的转化来看，生态空间转入面积要大于转出面积。

1980s—2020 年，农业空间转出面积大于转入面积，转出总面积为 2.14 万 km²，转入总面积为 1.32 万 km²，总体呈减少趋势。农业空间主要与生态空间相互转化，转为生态空间为 1.31 万 km²，由生态空间转入的面积为 1.25 万 km²。此外，农业空间转为城镇空间的面积大于转入的面积，高出 0.76 万 km²。城镇空间主要表现为转入，其中农业空间转入最多，面积为 0.83 万 km²，生态空间转入面积为 0.46 万 km²（表 4-1）。

表 4-1　1980s—2020 年黄河流域三大国土空间转移矩阵　　　　　单位：万 km²

		2020 年		
		农业空间	城镇空间	生态空间
1980s	农业空间	18.62	0.83	1.31
	城镇空间	0.07	1.54	0.05
	生态空间	1.25	0.46	55.31

分不同时段来看，1980s—2000 年，黄河流域生态空间转出最大，共转出
1.48 万 km²，其中，转为农业空间的面积为 1.40 万 km²，转为城镇的面积为 0.08 万 km²。
其次是农业空间，共转出 1.33 万 km²，其中，转为生态空间面积为 1.08 万 km²，转
为城镇空间的面积为 0.25 万 km²。城镇空间主要为转入面积，其中，主要由农业空
间转化而来，面积为 0.25 万 km²，由生态空间转化的面积仅为 0.08 万 km²（表 4-2）。

表 4-2　1980s—2000 年黄河流域三大国土空间转移矩阵　　　单位：万 km²

		2000 年		
		农业空间	城镇空间	生态空间
1980s	农业空间	19.44	0.25	1.08
	城镇空间	0.04	1.61	0.01
	生态空间	1.40	0.08	55.54

2000—2020 年，农业空间转为生态空间的面积高于生态空间转为农业空间的
面积，与 1980s—2000 年相比，主要表现为退耕还林多于农田开垦。其中，农业
空间主要转为生态空间，面积为 1.60 万 km²，转为城镇空间的面积相对较少，为
0.69 万 km²。生态空间转为农业空间比 1980s—2000 年有所减少，为 1.22 万 km²，
转为城镇空间面积为 0.41 万 km²。城镇空间转入总面积为 1.10 万 km²，主要由农业
空间转入（表 4-3）。

表 4-3　2000—2020 年黄河流域三大国土空间转移矩阵　　　单位：万 km²

		2020 年		
		农业空间	城镇空间	生态空间
2000 年	农业空间	18.59	0.69	1.60
	城镇空间	0.14	1.73	0.08
	生态空间	1.22	0.41	55.00

由黄河流域国土空间转换规律可知，1980s—2020 年，黄河流域主要表现为生
态空间和农业空间之间的转化，以及农业空间和生态空间向城镇空间的转化，主要
表现为黄河流域退耕还林、农田开垦和城镇扩张的现象。为探究黄河流域在不同时
段的转化特征和退耕还林、农田开垦、城镇扩张的程度，分段统计黄河流域三大国
土空间在 1980s—2000 年、2000—2020 年和 1980s—2020 年三个时段的转化面积。

结果表明，三个时段中，农业开垦和退耕还林活动较为剧烈，主要表现为农业
空间和生态空间之间的转化。前 20 年（1980s—2000 年）农业空间转为生态空间的
面积小于生态空间转为农业空间的面积，说明这个时段发生的农业开垦多于退耕还

林；后 20 年（2000—2020 年）生态空间转为农业空间的面积高于农业空间转为生态空间的面积，说明这个时段退耕还林多于农业开垦。后 20 年城镇空间由生态空间和农业空间转入的面积高于前 20 年，主要表现为城镇的持续扩张（图 4-5）。

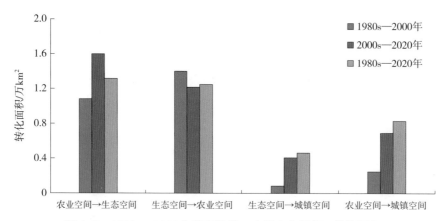

图 4-5　1980s—2020 年黄河流域三大国土空间相互转化面积

　　通过以上分析发现，黄河流域在每个时段国土空间转化中主要表现为农田开垦、退耕还林还草和城市扩张，叠加 1980s 和 2020 年的生态空间，分析生态空间转化情况在空间上的分布图（4-6）。退耕还林还草主要表现为农业空间转为生态空间，从空间分布来看，主要分布在黄河流域北部的河套平原、陕西中部和北部等区域，其他地方分布相对零散。农田开垦主要表现为生态空间转为农业空间，主要分布在宁夏平原和黄河中下游的山西、山东境内，黄河流域西部的上游地区也有少量分布。城市扩张主要表现为农业空间和生态空间转为城镇空间，在空间上主要分布在宁夏北部、陕西北部和山西中部等区域，呈斑块状分布，其中，陕西北部与内蒙古交界的区域主要表现为生态空间转为城镇空间，宁夏境内及其他区域主要表现为农业空间转为城镇空间。

　　总体来看，黄河流域三大国土空间中生态空间面积占比最大，占整个黄河流域总面积的 71% 以上，但不同流域的各类国土空间占比差异明显，上游生态空间占比最大，中游次之，农业空间占比大于上游，下游生态空间最小，农业空间和城镇空间占比均较大。从国土空间变化来看，黄河流域的国土空间变化较为剧烈的区域主要发生在河套平原和宁夏平原，以及陕西南部和陕西中部等农业空间大面积分布的区域，发生农业开垦或退耕、城镇扩张等。从国土空间转化来看，黄河流域国土空间转化主要发生在农业空间和生态空间之间，两者相互转化的比例远高于其他的转化类型，此外，1980s—2000 年城镇扩张主要由农业空间转化而来，2000—2020 年也有一定量的生态空间转为城镇空间，城镇持续扩张。

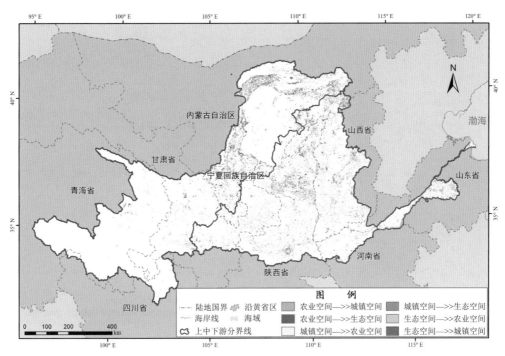

图 4-6 1980s—2020 年黄河流域国土空间面积变化空间分布

（二）黄河流域植被状况动态变化

1. 植被覆盖度变化特征

2000—2019 年，受益于各类生态管控措施的实行和多种生态工程的实施，黄河流域植被覆盖度大幅提升，植被"绿线"[①]向西北移动约 300 km。植被的增加对生态系统服务功能的提升有重要推动作用。然而，受人类活动的影响，个别地区也表现出植被被破坏的现象，导致植被覆盖度降低（图 4-7、图 4-8）。

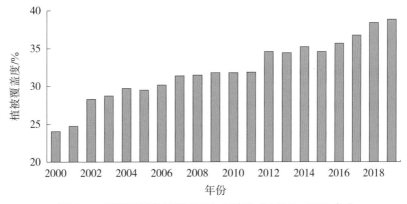

图 4-7 黄河流域植被覆盖度年际变化（2000—2019 年）

---

① 植被"绿线"为植被覆盖度 20% 的阈值线。

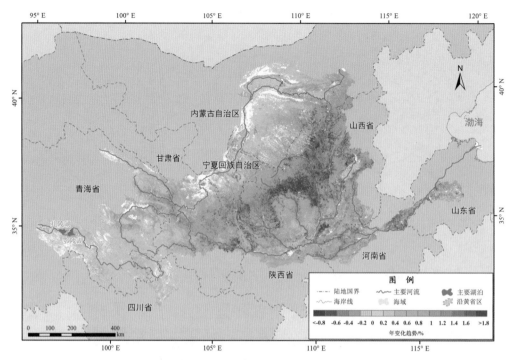

图 4-8　黄河流域植被覆盖度变化趋势空间分布（2000—2019 年）

2000—2019 年，黄河流域植被覆盖度呈上升趋势（图 4-7）。全流域平均植被覆盖度由 24.05% 增至 38.84%，以每年 0.65% 的速率增加，其中，83.48% 的植被面积呈显著增加，增长速率较快区域主要位于黄河流域中部（图 4-8、图 4-9）。其中，2000—2004 年，植被覆盖度增加速率较快。森林、灌丛、草地等自然植被的覆盖度增速相对较慢，为 0.62%/a，植被覆盖度的变化量占全流域植被覆盖度变化量的比例，即对黄河流域植被增长的贡献度为 67.77%，其中，草地的贡献度最大，为 44.67%，增加区域主要分布于黄河流域青海、内蒙古等省区；森林对黄河流域植被增加的贡献度为 8.36%，主要分布在陕西、山西等省区。与自然植被相比，农田的植被覆盖增速较快，为 0.76%/a，对全流域植被增长的贡献度为 32.23%（表 4-4）。

表 4-4　不同生态系统类型植被覆盖度变化（2000—2019 年）　　　单位：%

生态系统类型		均值	年变化趋势	贡献度	显著减少	轻微减少	稳定不变	轻微增加	显著增加	面积占比
自然植被	森林	60.54	0.69	8.36	0.01	0.04	0.00	0.23	7.65	7.92
	灌丛	43.73	0.72	14.73	0.01	0.11	0.02	1.06	12.27	13.46
	草地	24.65	0.58	44.67	0.10	1.04	0.31	9.46	39.89	50.85
农田		32.07	0.76	32.23	0.31	0.91	0.03	2.83	23.72	27.77

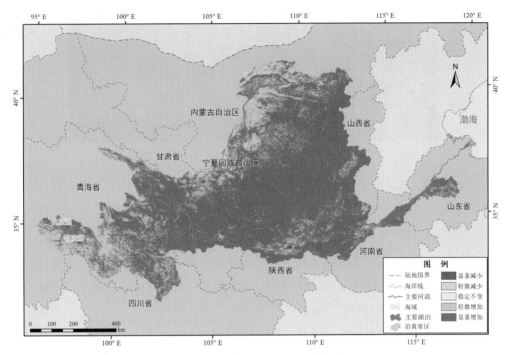

图 4-9　黄河流域植被覆盖度变化显著性空间分布（2000—2019 年）

 专栏 4-1：黄河流域中游植被恢复成效显著

　　根据黄河流域植被覆盖度变化趋势来看，增长速度较快区域主要位于陕北和山西交界区。通过对比遥感影像可以看出，该区域的植被覆盖度增长主要得益于人为采取的植被恢复措施。图 1 位于陕西榆林市榆阳区，该区域 2002 年植被稀少，还分布有大面积的沙地，2019 年已有植被覆盖，并且有人工作业痕迹，主要是由于生态修复工程造成的植被覆盖度提高。图 2 位于山西吕梁市临县，该地区 2015 年已经有植被覆盖，但是树木冠幅较小，植被覆盖度相对较低，从 3 年之后的对比遥感影像可以看出，树木冠幅增大，植被覆盖度明显提升。

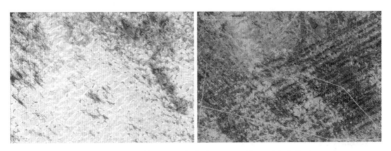

图 1　2002 年 8 月（左）、2019 年 8 月（右）

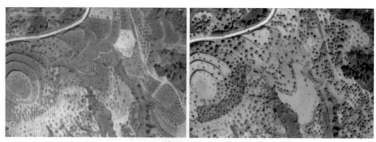

图2　2015年8月（左）、2018年6月（右）

2000年以来，植被"绿线"的变化主要表现为从东南向西北方向移动。由图4-10可以看出，植被"绿线"向西北移动了约300 km，植被覆盖度增加区域主要位于陕西延安、榆林，甘肃庆阳、平凉、定西等地。

部分区域植被覆盖度呈降低趋势，其面积占植被区面积的2.54%，主要位于黄河流域下游城镇周边地区，植被类型主要为农田和草地，其中，农田减少区面积占1.22%，草地减少区面积占1.14%。

植被覆盖度降低典型区域有西安未央区、郑州上街区、咸阳杨陵区、西安高陵县等（图4-11），其中，西安未央区2000—2019年植被覆盖度均值为31.78%，每年以0.29%的速率减少；郑州上街区植被覆盖度均值为30.00%，每年以0.16%的速率减少；咸阳杨陵区植被覆盖度均值为51.63%，每年以0.08%的速率减少，西安高陵县植被覆盖度均值为46.78%，每年以0.05%的速率减少。

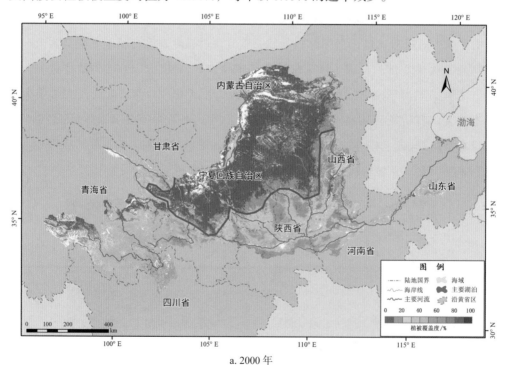

a. 2000年

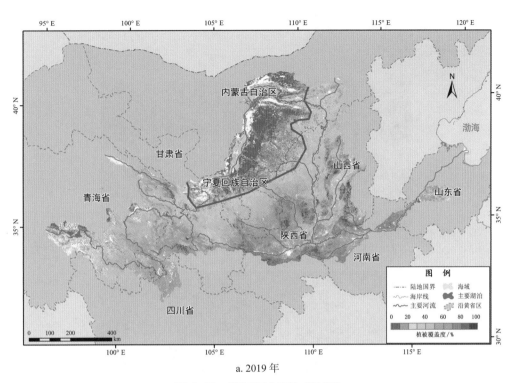

a. 2019 年

图 4-10　黄河流域植被"绿线"

图 4-11　植被覆盖度降低的典型县级行政区

 专栏 4-2：植被减少受人类活动干扰影响较大

    植被覆盖度监测结果显示黄河流域部分区域植被减少，通过对比遥感影像发现，植被覆盖度降低主要是由于人类活动造成的草地退化、城镇扩张、资源开发、构筑物和农业设施（如温室大棚等）建设等造成。图 1 为陕西咸阳市秦都区，其城镇快速扩张，侵占大量耕地等植被覆盖区；图 2 为陕西渭南市大荔县建设大面积温室大棚，导致区域植被覆盖度降低。图3为青海西宁市湟中县挖山采石，破坏大面积草地和林地。

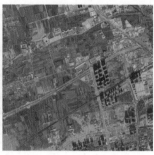

图1　2004年（左）、2020年（右）

图2　2011年（左）、2019年（右）

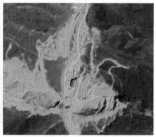

图3　2010年（左）、2019年（右）

2. 不同空间尺度植被覆盖度变化分析

（1）上、中、下游尺度

根据黄河流域上、中、下游植被覆盖度的变化趋势来看，下游的增长速率最快，以每年0.91%的速率增长。下游植被覆盖度均值为50.26%，但是年际波动也较大；中游的植被覆盖度基本呈连续增长趋势，年增长速率为0.93%；上游植被覆盖度较低，同时增长趋势较慢。从贡献度来看，中游植被覆盖度贡献度高达66.38%，其次为上游，贡献度为29.97%（图4-12、表4-5）。

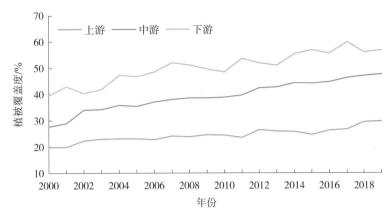

图 4-12 2000—2019 年黄河流域上、中、下游植被覆盖度年际变化

表 4-5 2000—2019 年黄河流域上、中、下游植被覆盖度变化   单位：%

流域	植被覆盖度			年增长率	对流域植被增加贡献度
	2000—2019 年平均	2000 年	2019 年		
上游	24.50	19.87	29.77	0.39	29.97
中游	39.33	27.72	47.68	0.93	66.38
下游	50.26	39.53	56.76	0.91	3.65

（2）行政区尺度

2000—2019 年，黄河流域内植被覆盖度显著增加区占植被区总面积的 83.48%。从贡献度来看，相对较高的省份为陕西和甘肃，分别为 25.48% 和 20.99%。从增加速率来看，最快的省份为山西，每年为 0.97%，并且 95.20% 区域面积呈显著增加趋势；其次为陕西，每年为 0.93%，并且 93.53% 的区域面积呈显著增加趋势（表 4-6）。

表 4-6 2000—2019 年黄河流域各省区植被覆盖度状况及其变化   单位：%

省区	均值	2000 年	2019 年	年变化趋势	贡献度	植被面积占流域植被总面积比例
山西	41.06	29.75	49.01	0.97	19.40	13.08
陕西	40.37	28.25	47.93	0.93	25.48	18.01
河南	55.25	44.33	62.26	0.82	5.87	4.68
山东	44.94	37.75	49.47	0.73	1.74	1.56
甘肃	33.74	24.86	43.29	0.73	20.99	18.88
宁夏	14.47	7.36	21.81	0.62	5.96	6.28
内蒙古	11.63	6.69	16.04	0.42	11.19	17.32

续表

省区	均值	2000年	2019年	年变化趋势	贡献度	植被面积占流域植被总面积比例
青海	32.11	28.11	36.80	0.31	8.55	18.00
四川	50.45	47.41	53.50	0.25	0.82	2.19
全流域	32.10	24.05	38.84	0.65	100.00	100.00

黄河流域植被覆盖增加贡献度较高的市级行政区为延安、榆林、鄂尔多斯、庆阳、吕梁，这5个市的植被覆盖度增加对流域的贡献度分别为9.27%、9.25%、6.88%、6.02%、4.93%，总贡献度为36.36%（表4-7）。植被覆盖度增加较快的市级行政区主要位于山东和河南，包括淄博、菏泽、安阳、新乡、开封等地，每年增长速率分别为1.38%、1.27%、1.26%、1.24%、1.23%（表4-8）。由于山东、河南的市级行政区不完全位于黄河流域范围内，所以不能代表该行政区内植被覆盖度的整体情况。

表4-7 对黄河流域植被覆盖增加贡献度较高的10个市级行政区　　单位：%

省区	市	贡献度	2000—2019年平均覆盖度
陕西	延安市	9.27	44.86
陕西	榆林市	9.25	16.85
内蒙古	鄂尔多斯市	6.88	8.55
甘肃	庆阳市	6.02	31.55
山西	吕梁市	4.93	36.94
山西	临汾市	3.91	44.96
甘肃	定西市	3.53	30.52
山西	忻州市	2.81	30.02
宁夏	固原市	2.65	27.59
山西	运城市	2.50	47.15

表4-8 黄河流域植被覆盖增加较快的10个市级行政区　　单位：%

省区	市	年变化趋势	2000—2019年平均覆盖度
山东	淄博市	1.38	41.86
山东	菏泽市	1.27	49.42
河南	安阳市	1.26	60.91
河南	新乡市	1.24	58.70

续表

省区	市	年变化趋势	2000—2019 年平均覆盖度
河南	开封市	1.23	47.51
山东	德州市	1.23	43.53
宁夏	固原市	1.17	27.59
陕西	延安市	1.15	44.86
山西	吕梁市	1.11	36.94
山西	忻州市	1.08	30.02

　　植被增长速率较快的县主要位于陕西北部，包括延安延川、安塞、延长、子长县和榆林吴堡、绥德县等地。该区域位于半干旱和半湿润交界区，植被恢复成效相对较好（图 4-13）。

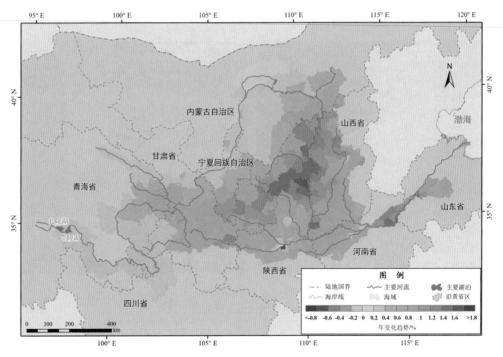

图 4-13　黄河流域县级行政区植被覆盖度变化趋势（2000—2019 年）

 专栏 4-3　典型区植被变化情况

1. 延安市

　　延安是黄土高原水土流失最严重的地区之一。1998 年，延安先于全国在吴起县开始封禁退耕，成为全国最早的退耕还林试点之一。2000—2019 年，延安市植被覆盖度由28.63%增至54.23%，以每年1.15%的速率增加，其中，99.47%的植被区域面积呈显著增加趋势，是黄河流域植被覆盖度增加贡献度最大的市，贡献度达9.27%。其中，延川县、安塞县植被覆盖度增长趋势较快。

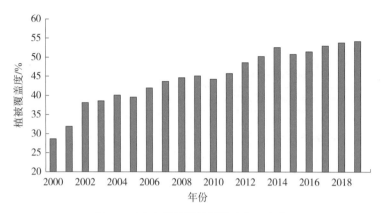

图1　延安市平均植被覆盖度年际变化

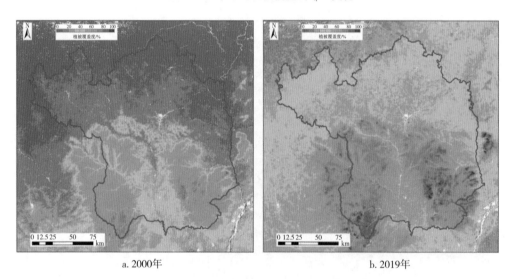

a. 2000年　　　　　　　　　　　b. 2019年

图2　延安市植被覆盖度空间分布情况

2. 榆林市

榆林位于陕西最北端，毛乌素沙漠南缘，是全国土地荒漠化和沙化危害严重的地区之一。2000—2019年，榆林市植被覆盖度由5.29%增至25.46%，以每年1.05%的速率增加，其中，99.15%的植被区域面积呈显著增加趋势，对黄河流域植被覆盖度增加贡献度为9.25%。该市位于半干旱和半湿润交界区域，植被稳定性相对较差，变异系数为41.11%。

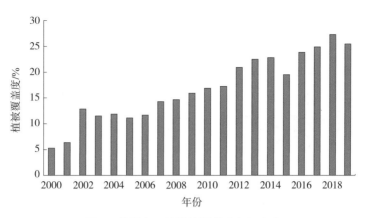

图 3　榆林市平均植被覆盖度年际变化

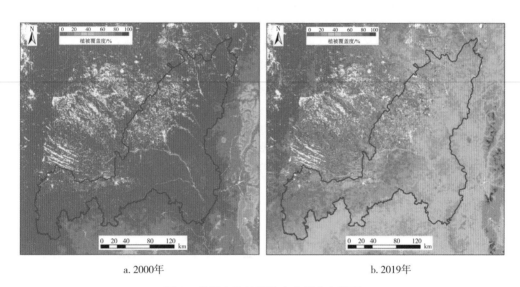

a. 2000 年　　　　　　　　　　　　b. 2019 年

图 4　榆林市植被覆盖度空间分布情况

3. 植被保护成效分析

（1）植被恢复的管控梯度

从不同生态保护管控区来看，生态保护红线的植被稳定性最好，其平均植被覆盖度高于其他区域。2011 年之前，国家级自然保护区的植被覆盖度高于重点生态功能区，之后重点生态功能区占据优势。从增长速率来看，重点生态功能区的增长趋势较快，其次为生态保护红线，增长速率较慢的为国家级自然保护区（图 4-14）。生态保护红线和国家级自然保护区生态本底好，其植被覆盖度相对稳定；重点生态功能区内植被恢复相对明显。

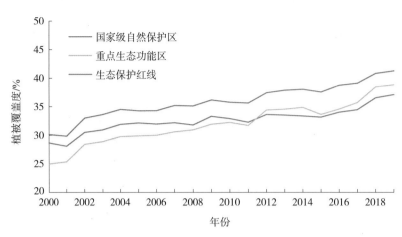

图 4-14　2000—2019 年黄河流域不同生态管控区域的植被覆盖度年际变化

黄河流域涉及国家级自然保护区共计 48 个，其中，森林生态型 23 个，野生植物型 1 个，草原草甸型 1 个，荒漠生态型 4 个，内陆湿地型 6 个，野生动物型 13 个。草原草甸类保护区植被覆盖度增长趋势较快，以每年 1.22% 的速度增长；其次为荒漠生态型和森林生态型，年增长速率分别为 0.54% 和 0.50%。见表 4-9。

表 4-9　2000—2019 年黄河流域国家级自然保护区植被覆盖度变化　　　单位：%

类型	均值	2000 年	2019 年	年变化趋势
草原草甸	22.05	8.23	35.64	1.22
荒漠生态	7.19	1.95	11.85	0.54
森林生态	45.27	38.51	51.38	0.50
野生动物	52.56	47.47	56.82	0.39
内陆湿地	26.51	24.01	30.62	0.24
野生植物	3.47	1.68	4.04	0.08
总体	32.30	28.43	36.78	0.32

国家重点生态功能区对黄河流域植被覆盖度增加的贡献度为 36.29%，主要分布在流域中游和上游。其中，贡献度较大的功能区有黄土高原丘陵沟壑水土保持生态功能区，贡献度为 26.40%，年增长趋势也较快，高达 1.04%，远高于流域的平均增长速率。位于上游的若尔盖草原湿地生态功能区和甘南黄河重要水源补给生态功能区植被覆盖度较高，分别为 52.35% 和 49.13%，并且植被覆盖度和稳定性均优于流域的平均水平。尽管秦巴生物多样性生态功能区植被覆盖度较高，且变化趋势较快，但是由于其面积较小，贡献度仅为 0.39%。见表 4-10。

表 4-10　黄河流域重点生态功能区植被覆盖度变化　　　　单位：%

重点生态功能区	均值	2000 年	2019 年	年变化趋势
黄土高原丘陵沟壑水土保持生态功能区	26.69	14.59	37.11	1.04
秦巴生物多样性生态功能区	69.96	63.11	75.88	0.52
祁连山冰川与水源涵养生态功能区	29.01	24.83	37.52	0.41
甘南黄河重要水源补给生态功能区	49.13	43.83	52.99	0.38
若尔盖草原湿地生态功能区	52.35	49.29	55.17	0.25
三江源草原草甸湿地生态功能区	31.29	28.72	35.29	0.24
阴山北麓草原生态功能区	6.99	4.97	9.68	0.19
川滇森林及生物多样性生态功能区	32.57	29.61	37.60	0.18

对不同行政区生态保护红线的植被覆盖度进行统计分析（表 4-11），结果表明，山东生态保护红线的植被覆盖度增长速度最快，年增长速率为 0.93%；其次为山西和陕西，年增长速率分别为 0.88% 和 0.84%。通过对比不同省级行政区及其生态保护红线植被覆盖度状况（图 4-15），可以看出，河南、山西、甘肃、山东、陕西、宁夏的生态保护红线的植被覆盖度高于行政区平均水平，四川、青海、内蒙古生态保护红线植被覆盖度低于行政区平均水平。

表 4-11　黄河流域生态保护红线植被覆盖度变化　　　　单位：%

各省区生态保护红线	均值	2000 年	2019 年	年变化趋势
河南	62.38	54.68	68.18	0.61
山西	55.25	45.15	63.36	0.88
甘肃	51.01	44.98	56.77	0.48
山东	48.91	39.89	56.11	0.93
四川	48.39	45.23	51.91	0.26
陕西	46.84	36.37	54.05	0.84
青海	31.01	28.51	34.91	0.23
宁夏	17.82	9.79	26.16	0.71
内蒙古	10.03	5.98	13.37	0.31

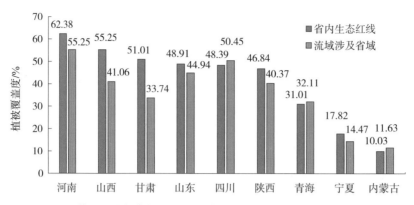

图 4-15 黄河流域各省级行政区植被覆盖度及生态保护红线植被覆盖度

 专栏 4-4：不同生态管控类型植被覆盖度变化差异

国家级自然保护区为禁止开发区，重点生态功能区为限制开发区，根据管控程度差异，对比分析植被覆盖度的变化情况。其中，国家级自然保护区以森林生态型国家级自然保护区开展分析。黄河流域森林生态型国家级自然保护区共23个，结合重点生态功能区和自然保护区的分布，从黄河流域上游和中游分别选取一个重点生态功能区，与其范围内的森林生态型国家级自然保护区的植被覆盖度变化情况进行对比。结果表明，保护区内的植被覆盖度大部分高于功能区的植被覆盖度，并且稳定性更好。

案例1：黄河上游的甘南黄河重要水源补给生态功能区内的森林生态类国家级自然保护区有洮河、太子山保护区。保护区内的植被覆盖度均高于功能区，增长速度高于功能区的平均水平；而从稳定性来看，保护区内的植被覆盖度稳定性更好（表1）。

表1 甘南黄河重要水源补给生态功能区及其范围内自然保护区植被覆盖度变化

单位：%

生态保护类型	名称	均值	2000 年	2019 年	年变化趋势	变异系数	植被覆盖度增加的面积比例
国家级自然保护区	洮河	63.24	57.09	66.95	0.43	5.98	99.27
	太子山	54.46	48.47	58.80	0.41	6.21	99.74
重点生态功能区	甘南黄河重要水源补给生态功能区	49.13	43.83	52.99	0.38	7.06	98.51

案例 2：黄河流域中游的黄土高原沟壑丘陵水土保持功能区内的森林生态类国家级自然保护区有六盘山、黑茶山、南华山、罗山保护区。国家级自然保护区除罗山外，其他 3 个保护区的植被覆盖度远高于功能区的植被覆盖度，稳定性也优于功能区平均水平（表 2）。

表 2　黄土高原沟壑丘陵水土保持功能区及其范围内自然保护区植被覆盖度变化

单位：%

生态保护类型	名称	均值	2000 年	2019 年	年变化趋势	贡献度	变异系数	植被覆盖度增加的面积比例
国家级自然保护区	六盘山	56.96	48.85	64.87	0.71	1.04	8.49	100.00
	黑茶山	55.61	45.18	66.94	1.13	0.61	14.39	100.00
	南华山	29.81	18.85	42.27	1.01	0.45	27.22	100.00
	罗山	14.58	3.39	24.13	0.97	0.69	58.35	99.92
重点生态功能区	黄土高原丘陵沟壑水土保持生态功能区	26.69	14.59	37.11	1.04	264.01	35.32	99.84

（2）生态保护修复工程的植被恢复效果

根据《中国林业和草原统计年鉴》统计资料，整理并分析黄河流域涉及的 9 个省区的造林工程数据，主要包括国家林业重点工程：天然林保护、退耕还林还草、"三北"防护林体系建设工程，以及各级地方政府造林、企业造林、大户造林等社会造林。结果表明，黄河流域中部大面积区域的植被覆盖度增加，与人类活动密不可分，退耕还林还草工程实施，促使大面积坡耕地转为林草地，极大地改善了下垫面状况。

对比分析各生态工程区的植被覆盖度变化情况（图 4-16、图 4-17、图 4-18），可以看出，3 种生态工程在黄河流域的覆盖范围广，工程区重叠度高，黄河流域整体植被覆盖度增长趋势较快，而在黄河流域北部，由于受自然条件的限制，植被覆盖度增长趋势相对较慢。

为更进一步探索生态工程实施对植被覆盖度变化的影响，以县域为单位，选择两个典型区，对比分析植被覆盖度变化与生态工程之间的关系。根据前面分析可以看出，农田对植被覆盖度的贡献较大。因此，对生态工程的成效分析需要排除农田的影响。本书选择（造林工程实施面积与区域植被覆盖面积之比）黄龙及其周边县域和吴起县及其周边县域两个典型区，通过对比造林工程强度和森林、灌丛、草地的植被覆盖度变化趋势，发现各地区生态造林工程的成效有显著差异。

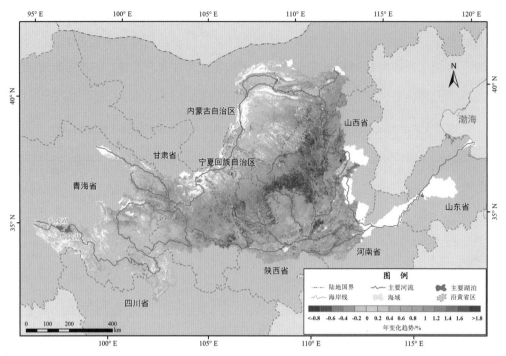

图 4-16　天然林保护工程范围植被覆盖度变化

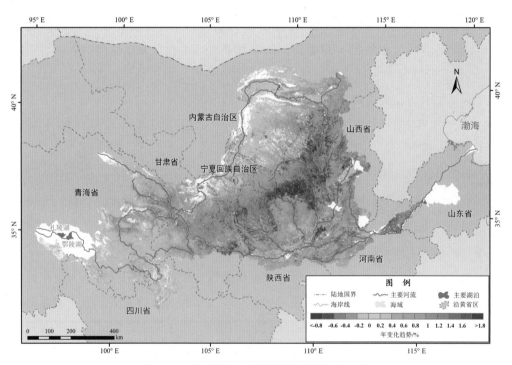

图 4-17　退耕还林工程范围植被覆盖度变化

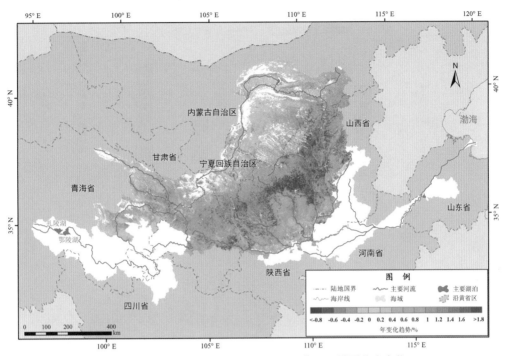

图 4-18　"三北"防护林体系建设工程范围植被覆盖度变化

（a）黄龙及其相邻县域典型区

黄龙县植被覆盖度高于周边县域，并且植被稳定性好。由图 4-19～图 4-21 可以看出，洛川县的植被覆盖度较高，并且单位面积造林工程强度较小，但植被增长趋势较快；澄城县和合阳县造林工程强度较高，但是从植被覆盖度变化趋势上来看，虽然也呈增加趋势，但是与周围县域相比，其增加的速度较慢。

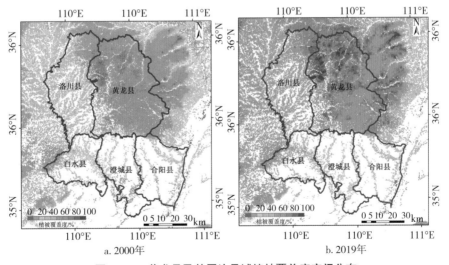

图 4-19　黄龙县及其周边县域植被覆盖度空间分布

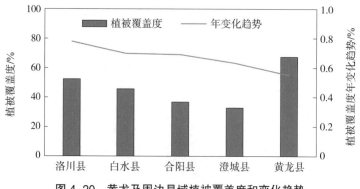

图 4-20　黄龙及周边县域植被覆盖度和变化趋势

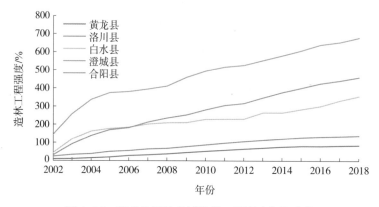

图 4-21　黄龙及周边县域造林工程强度年际变化

 专栏 4-5：生态工程实施成效差异显著

　　黄河流域地域分布广泛，包括湿润、半湿润、半干旱、干旱 4 种干湿类型，生态工程实施成效差异显著（图 1）。一方面是由于气候差异；另一方面是由于后期管理维护等造成的增长趋势差异。从 2000—2019 年的遥感影像对比可以看出，定边县植被生长状况较差，而吴起县的植被生长状况较好。吴起县是率先响应国家"退耕还林"号召的地区之一，经过长期的养护措施积累，植被恢复效果优于相邻地区。

图 1　生态工程实施成效对比

（b）吴起县及其周边县域典型区

吴起县位于半干旱和半湿润区交界处，其植被覆盖度和增长趋势明显高于其相邻县域。由图4-22～图4-24可以看出，造林工程强度与植被覆盖度增长趋势并不完全一致。其中，吴起县的植被覆盖度平均水平较高，其单位面积造林工程强度也比较高，且增长趋势最快；环县的单位面积造林工程强度最小，而植被覆盖度增长趋势比较快，以每年0.92%的速度增长；而定边县的造林工程强度相对较高，但是植被增长趋势较低。

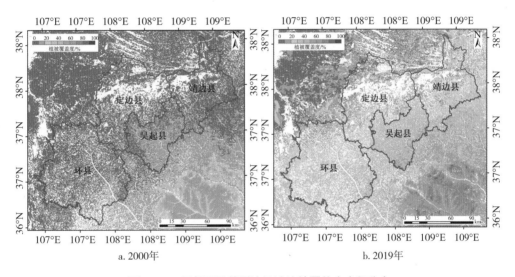

a. 2000年　　　　　　　　　　　　　　b. 2019年

图4-22　吴起县及其周边县域植被覆盖度空间分布

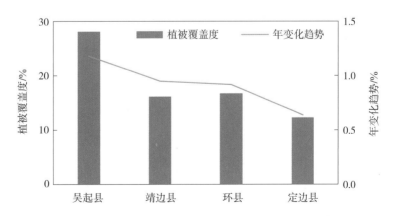

图4-23　吴起县及周边县域植被覆盖度和年变化趋势

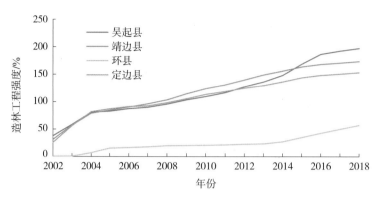

图 4-24　吴起县及周边县域造林工程强度年际变化

（3）植被恢复的气候驱动分析

黄河流域的植被分布与气候分区有密切的相关性。自 20 世纪 50 年代，黄河流域的气温呈显著的上升趋势，且具有明显的区域差异，其中，增温最显著的是河套地区，其次是中下游地区，增温最不明显的是上游地区（马柱国等，2020）。不同干湿分区气候差异显著，其中干旱半干旱区，温度高，降水较少，蒸发量较大，降水对植被的影响较大，主要生态系统类型为沙漠和农田；而湿润半湿润区，降水量丰富，气温相对较低，蒸发量较小，植被覆盖度较高。从空间分布来看，整体上自东南向西北降水量逐渐减少，平均气温逐渐降低，各区域自然气候对植被的分布影响较大。湿润区的植被覆盖度最高，干旱区植被覆盖度最低。其中，黄河流域中北部区域，主要包括陕西北部、内蒙古南部和宁夏东部等区域，植被变化趋势与气温和降水呈显著正相关。类似的研究也表明，对黄河上游植被覆盖度空间分布的影响中，气候类环境因素＞非气候类环境因素＞人类活动因素，其中降水又是气候因素中的主导因子（裴志林等，2019）。

（a）降水量与植被覆盖度的关联分析

2000—2019 年，黄河流域年降水量呈逐渐增加趋势（图 4-25），但是各区域因降水量的年际波动与植被覆盖度的变化情况不完全一致（图 4-26）。干旱区植被覆盖度的年际波动与降水量的年际波动相对一致，相关系数为 0.532（表 4-12）。湿润区降水量增加趋势较快，植被覆盖度呈相对平缓慢的增长趋势。半湿润区植被覆盖度增长趋势最快，但是降水量年际波动较大、增长趋势不明显，该区的植被覆盖度变化可能受降水、气温和生态工程的协同效应的影响较强。半干旱区降水量与植被覆盖度有明显相关关系，其相关系数为 0.649（图 4-26）。

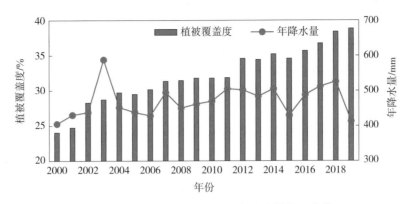

图 4-25　黄河流域植被覆盖度与降水量年际变化

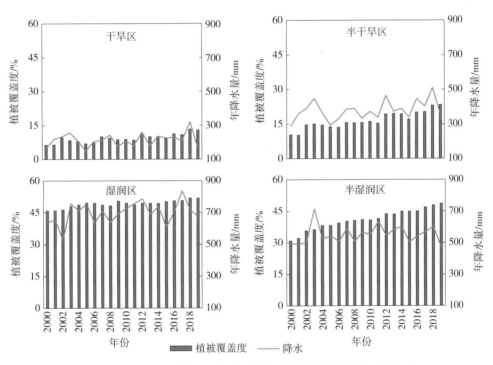

图 4-26　2000—2019 年黄河流域不同气候区降水和植被覆盖度年际变化

表 4-12　黄河流域降水量、气温与植被覆盖度的偏相关分析

偏相关系数	植被覆盖度			
	干旱区	湿润区	半干旱区	半湿润区
降水量	0.532	0.504	0.649	0.258
气温	0.387	0.586	0.470	0.445

（b）气温与植被覆盖度的关联分析

2000—2019 年，黄河流域年均气温也呈逐渐增加趋势（图 4-27），根据植被覆盖度与气候气温的变化趋势来看，温度的变化趋势不明显；其中，半湿润区的植被

覆盖度上升趋势较快，而气温没有明显的变化趋势（图4-28）。从空间分布来看，干旱区气温较高，但是植被覆盖度较低；湿润区平均气温最低，但是植被覆盖度最高，这可能是由于黄土高原地区整体干旱缺水，温度对植被的影响被水分条件限制所致。

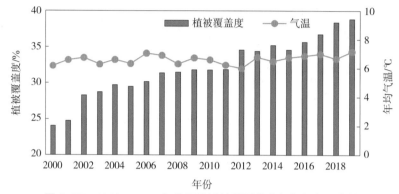

图4-27 2000—2019年黄河流域植被覆盖度与气温年际变化

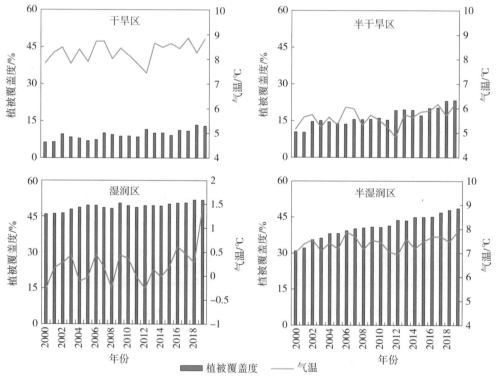

图4-28 2000—2019年黄河流域不同气候区气温和植被覆盖度年际变化

（三）黄河流域陆地水域状况动态变化

1. 水体面积变化特征

2000—2019年，黄河流域水体呈增加趋势（图4-29），增加速度约为103 km²/a，

2015 年后增速加快。黄河流域 2000 年水体面积为 5 055.38 km²，2019 年水体面积为 7 532.06 km²，增加 2 476.68 km²，相当于半个青海湖面积，增幅约为 48.99%。从水体组成来看，湖库和河流水体面积分别增加 1 318.15 km² 和 1 158.53 km²，占水体增加总面积的比例分别为 53.3% 和 46.7%；从湖库变化来看，与 2000 年相比，2019 年面积大于 1 km² 的湖库中，发生显著变化的有 217 个，其中，面积扩大的有 115 个，面积缩小的有 45 个，新增的有 57 个。

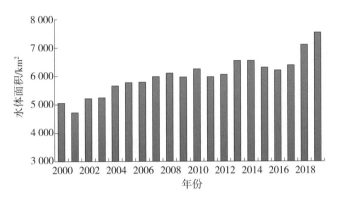

图 4-29 2000—2019 年黄河流域水体面积年际变化

2. 不同空间尺度水体面积变化分析

（1）上、中、下游尺度

2000—2019 年，黄河上游水体以每年 75 km² 的速度增加，总面积增加约 1 501.93 km²，增加幅度为 40.38%（表 4-13、图 4-30），黄河上游增加的水体占全流域增加水体的 60.64%。其中，龙羊峡以上黄河源区水体占整个黄河流域的 38.60%，是黄河流域主要产水区，相较 2000 年，2019 年水体面积增加 511.36 km²，增幅为 21.50%。中游水体以每年约 37 km² 的速度增加，面积共增加 745.00 km²，占黄河流域增加水体的 30.08%（表 4-13、图 4-31）。下游水体以每年约 11 km² 速度增加，共增加 229.75 km²，占全流域水体增加面积的 9.28%（表 4-13、图 4-32）。

表 4-13 黄河上、中、下游流域水体面积变化及其贡献

流域	水体面积 /km²		变化面积 /km²	变化幅度 /%	对流域水体增加贡献度 /%
	2000 年	2019 年			
上游	3 719.88	5 221.81	1 501.93	40.38	60.64
中游	812.48	1 557.48	745.00	91.69	30.08
下游	523.02	752.77	229.75	43.93	9.28
全流域	5 055.38	7 532.06	2 476.68	48.99	100

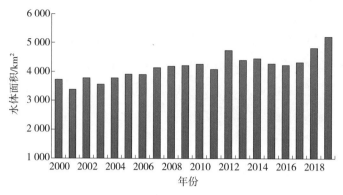

图 4-30　2000—2019 年黄河上游水体面积年际变化

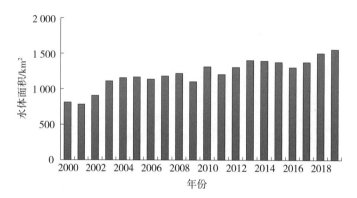

图 4-31　2000—2019 年黄河中游水体面积年际变化

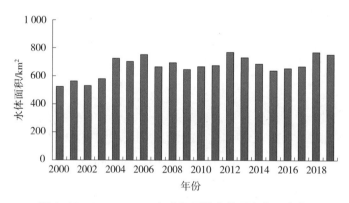

图 4-32　2000—2019 年黄河下游水体面积年际变化

　　从黄河流域面积大于 1 km² 湖库的面积变化来看，上游地区有 82 个湖库面积扩大，34 个湖库面积缩小，32 个新增湖库；中游地区面积扩大湖库 25 个，面积缩小湖库 8 个，新增湖库 22 个；下游地区面积扩大湖库 9 个，面积缩小湖库 3 个，新增湖库 2 个。见图 4-33 和图 4-34。

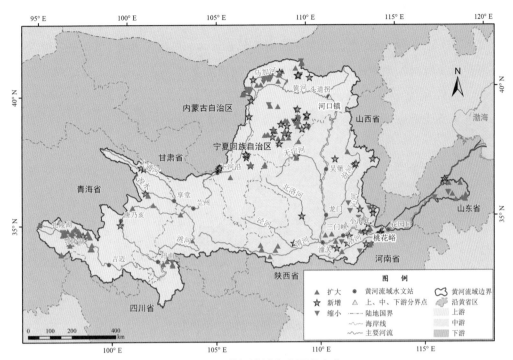

图 4-33　黄河流域湖库面积变化

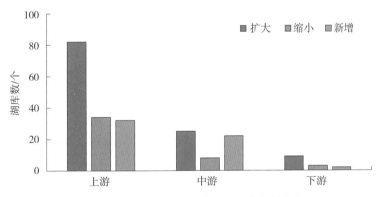

图 4-34　黄河流域 1 km² 以上湖库数量变化

 专栏 4-6：黄河流域典型湖泊面积变化

1. 扎陵湖、鄂陵湖

　　扎陵湖、鄂陵湖位于青海果洛藏族自治州玛多县（黄河乡）境内，地处巴颜喀拉山北麓，是黄河源区两个最大的淡水过水湖，是黄河源区众多水源汇集处，对黄河径流起着天然调节作用，对调节黄河源头水量、滞留沉积物、净化水质、防洪蓄水和调节当地气候具有十分重要的作用。两湖相距 20 km，人称两湖为"黄河源头姊妹湖"。

2000—2019 年，扎陵湖和鄂陵湖面积变化经历缩小—扩大—缩小—扩大四个阶段（图 1）。相较 2000 年，2019 年两湖面积共增加 80 km²。相较 2000 年，2019 年黄河和周边河流入湖水淹频度明显增加，入湖径流量增加是扎陵湖、鄂陵湖水面扩大的主要原因。

图 2 为黄河源区水体面积和唐乃亥站年径流量关系。

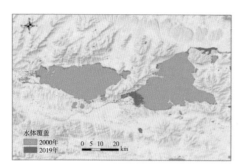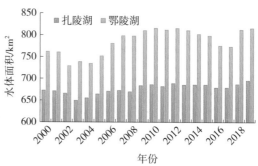

图 1　扎陵湖、鄂陵湖水体面积变化

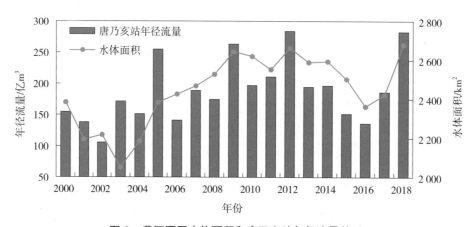

图 2　黄河源区水体面积和唐乃亥站年径流量关系

2. 红碱淖、桃力庙－阿拉善湾海子

红碱淖和桃力庙－阿拉善湾海子是我国重要的沙漠淡水湖和遗鸥繁殖栖息地。2000—2019 年红碱淖面积整体降低（图 3），其中，2000—2015 年减少了 21 km²，减幅达 34%。桃力庙－阿拉善湾海子面积整体下降（图 4），其中，2000—2015 年面积下降 10.5 km²，下降幅度达到 85%。除气候的持续暖干化影响外，周边水库的建设和煤矿开采，使得补给的河流被截断，地下水层遭到破坏，同时这也是湿地面积下降的重要原因。2015 年后，区域开始补水，湿地水体面积开始有所增加。

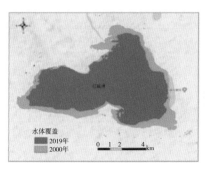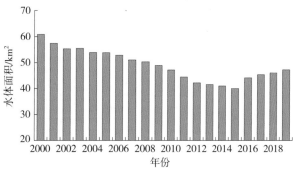

图3　红碱淖水体面积变化

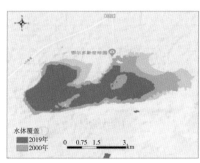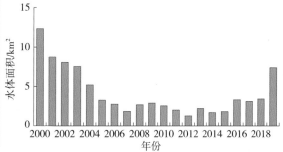

图4　桃力庙-阿拉善湾海子水体面积变化

（2）行政区尺度

从各省区变化来看，相较2000年，2019年黄河流域水体变化最大的为青海，增加面积为619.80 km²，增加幅度为25.71%，贡献了整个流域水体面积增加的25.69%；其次为内蒙古，水体面积增加580.63 km²，增加幅度为83.48%，贡献了整个流域水体面积增加的24.07%。水体增加幅度最大的为山西，增加幅度达108.28%，增加面积为272.93 km²，贡献了整个流域水体面积增加的11.31%。见图4-35和表4-14。

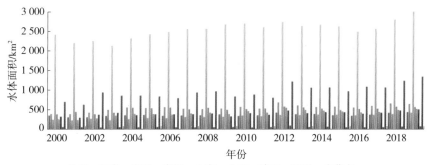

图4-35　2000—2019年黄河流域各省区水体面积年际变化

表 4-14　黄河流域各省区水体变化及对流域水体变化贡献

省区	水体面积 /km²		变化面积 /km²	变化幅度 /%	对流域水体面积增加贡献度 /%
	2000 年	2019 年			
青海	2 410.31	3 030.11	619.80	25.71	25.69
四川	48.48	68.36	19.88	41.01	0.82
甘肃	341.93	436.19	94.26	27.57	3.91
宁夏	237.80	422.63	184.83	77.73	7.66
内蒙古	695.53	1 276.16	580.63	83.48	24.07
陕西	313.42	504.48	191.06	60.96	7.92
山西	252.07	525.00	272.93	108.28	11.31
河南	378.66	637.11	258.46	68.26	10.71
山东	377.19	568.03	190.84	50.59	7.91

（3）水体面积变化原因分析

一是上游地区水体面积增加的主要原因为气候变化及其引起的冰雪融水增加。2000—2019 年，气象数据资料发现，黄河上游总体呈现"暖湿化"，降水量呈增加趋势，平均增速为 5.38 mm/a，黄河源区作为流域的主要产水区，对气候变化的响应较为敏感，区域内水体面积变化与气温和降水的变化也较为吻合（图 4-36、图 4-37）；根据遥感监测，黄河上游地区最大的阿尼玛卿山冰川在 2001—2019 年面积减小 21.5 km²，一定程度上增加了上游地区的水源补给。因此，气候变化是黄河上游水体面积增加的主要原因。

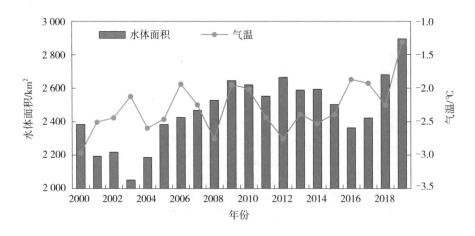

图 4-36　2000—2019 年黄河源区水体面积与年均气温变化关系

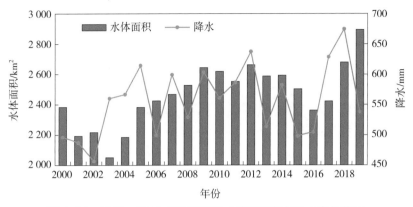

图 4-37　2000—2019 年黄河源区水体面积与年降水变化关系

二是中游地区水体面积变化受水库建设等人类活动的影响显著。除气候变化引起的区域降水变化外，人类活动对黄河中游水体面积变化影响明显。根据《黄河水资源公报》，2000—2019 年，黄河流域大中型水库由 157 座增至 219 座，增加了 62 座；经遥感目视解译判断，62 座新增水库中约有 40 座位于中游地区。此外，小型水库、淤地坝等建设也促进了水体面积的增加。经分析，黄河流域面积增量超过 0.3 km² 的人工水体共有 282 处，增加面积共计 327.60 km²；其中中游地区 141 处，增加面积为 195.81 km²，占比 59.77%。

三是下游地区水体面积增加主要受来水增加和人工水体增加的双重影响。下游地区水体面积增加以河流水体为主，增加面积为 187.36 km²，其他水体增加面积为 49.17 km²。2000—2019 年，下游地区来水增加明显，花园口水文站年径流量呈波动增加趋势，2019 年达到了 457.60 亿 m³，相较 2000 年的 165.30 亿 m³，增幅约为 176.83%（图 4-38）。下游地区面积增加超过 0.3 km² 的人工水体，共有 22 处，增加面积为 26.38 km²，占比 8.1%。

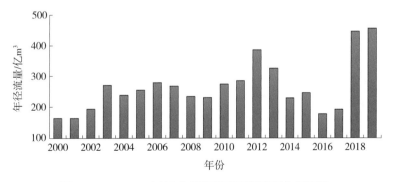

图 4-38　2000—2019 年黄河花园口径流量年际变化

（四）黄河流域生态系统服务功能动态变化

1. 黄河上游水源涵养功能变化特征

基于水源涵养量，对2000—2019年黄河上游整体变化情况、不同行政区、不同子流域以及生态保护管控区内外差异开展时空变化分析，同时与植被覆盖度、降水量和地表径流量的变化情况进行关联分析。

（1）水源涵养量变化特征

2000—2019年，黄河上游水源涵养量整体呈增加趋势。总体来看，上游水源涵养量增加了41.20亿 m^3，增幅为9.56%。单位面积水源涵养量由10.08万 m^3/km^2 增加到11.04万 m^3/km^2。年际变化上整体呈现先减后增的波动变化特征。2000—2015年，黄河流域上游水源涵养量呈减少趋势，单位面积水源涵养量减少了5.83万 m^3/km^2，减幅为57.83%。2015—2019年，黄河流域上游水源涵养量呈明显增加趋势，单位面积水源涵养量由4.25万 m^3/km^2 陡然增加到11.04万 m^3/km^2，增加了近1.6倍，年均增量为1.70万 m^3/km^2（图4-39）。

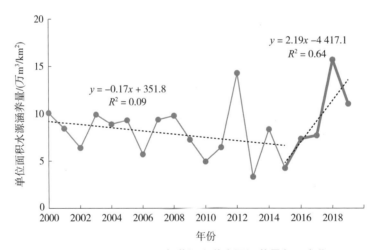

图4-39 2000—2019年黄河上游水源涵养量年际变化

从黄河上游水源涵养变化趋势来看，42.74%的黄河上游水源涵养量呈增加趋势，其中，28.94%的区域水源涵养量年增加量为0～0.5万 m^3/km^2，主要分布在上游的西南部，集中在青海果洛藏族自治州南部、黄南藏族自治州、甘肃甘南藏族自治州、四川阿坝藏族羌族自治州等区域，海南、海西、海北藏族自治州等区域分散分布。年增加量在0.5万～3万 m^3/km^2 的区域主要分布在果洛藏族自治州南部、阿坝藏族羌族自治州南部，以及兰州市永登县等区域，面积占比为12.75%。减少区域主要集中分布在内蒙古巴彦淖尔市、呼和浩特市、乌兰察布市、鄂尔多斯市，青海玉树和果洛藏族自治州的北部等区域（图4-40）。

（2）不同空间尺度水源涵养量变化分析

（a）三级流域分区尺度

从黄河上游的三级流域分区来看，河源至玛曲、大夏河与洮河、玛曲至龙羊峡3个流域分区的水源涵养量较高。其中，河源至玛曲段单位面积水源涵养量由2000年的16.38万 m^3/km^2 增加到2019年的23.27万 m^3/km^2，水源涵养量增加了59.46亿 m^3，增加幅度为42.05%。大夏河与洮河段水源涵养量增加了5.73亿 m^3，增幅为12.90%。玛曲至龙羊峡段水源涵养量增加了32.21亿 m^3，2019年单位面积水源涵养量约是2000年的2.03倍。

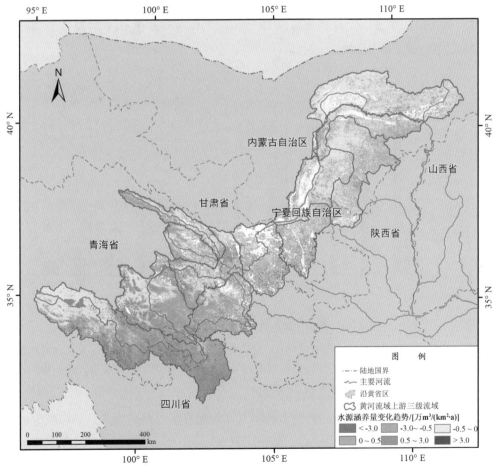

图4-40　黄河上游水源涵养变化趋势分布（2000—2019年）

湟水、龙羊峡至兰州干流区间、石嘴山至河口镇南岸3个流域分区的水源涵养量基本保持稳定。大通河享堂以上段单位面积水源涵养量由 13.76 万 m^3/km^2 减少到 11.54 万 m^3/km^2，减少幅度为 16.13%。清水河与苦水河段水源涵养量减少 4.49 亿 m^3，单位面积水源涵养量较 2000 年减少了 23.53%。石嘴山至河口镇北岸、兰州至下河沿、下河沿至石嘴山单位面积水源涵养量均减少，减少幅度分别为 42.96%、44.96% 和 65.73%。见图 4-41。

（b）行政区尺度

从各省区来看，四川、青海和甘肃呈增加趋势，陕西、内蒙古和宁夏 2019 年水源涵养量较 2000 年减少。黄河上游涉及的 6 个省区中，四川和青海单位面积水源涵养量相对较高，多年平均单位面积水源涵养量分别为 22.02 万 m^3/km^2 和 8.48 万 m^3/km^2，2019 年水源涵养量较 2000 年分别增加了 20.20% 和 45.87%。甘肃单位面积多年平均水源涵养量为 7.56 万 m^3/km^2，2019 年与 2000 年水源涵养量变化相对较小。内蒙古、宁夏和陕西 2019 年单位面积水源涵养量较 2000 年分别减少 33.25%、32.65% 和 30.80%。

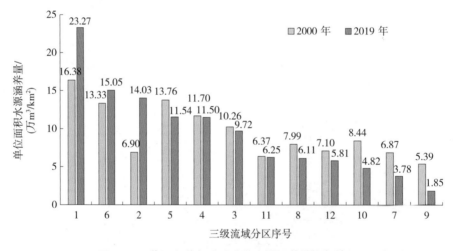

图 4-41　黄河上游各流域分区水源涵养量变化情况

注：1. 河源至玛曲；2. 玛曲至龙羊峡；3. 龙羊峡至兰州干流区间；4. 湟水；5. 大通河享堂以上；6. 大夏河与洮河；7. 兰州至下河沿；8. 清水河与苦水河；9. 下河沿至石嘴山；10. 石嘴山至河口镇北岸；11. 石嘴山至河口镇南岸；12. 内流区。

从变化趋势上看，陕西、内蒙古和宁夏水源涵养量以减少为主，年均减少量分别为 0.17 万 m^3/km^2、0.15 万 m^3/km^2 和 0.03 万 m^3/km^2，减少区域的面积占比分别为 72.91%、79.04% 和 70.18%，其中，内蒙古 68.20% 区域和宁夏 56.61% 区域的水源涵养量年减少量为 0～0.5 万 m^3/km^2。甘肃水源涵养量年均增加趋势为 0.17 万 m^3/km^2，增加和减少区域面积占比基本持平。四川和青海水源涵养量变化趋势以增加为主，年均增加趋势分别为 0.44 万 m^3/km^2 和 0.24 万 m^3/km^2，增加区域面积占比超过一半，年增加量为 0～0.5 万 m^3/km^2 的区域面积占比分别为 47.20% 和 37.02%。四川年增加量超过 0.5 万 m^3/km^2 的面积占比为 41.56%（图 4-42）。

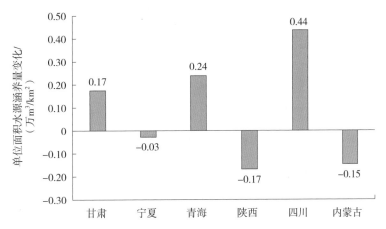

图 4-42　黄河上游 6 省区单位面积水源涵养量变化对比

表 4-15　黄河上游涉及省域不同水源涵养量变化趋势面积占比　　　　　单位：%

变化趋势 /［万 m^3/（km^2 · a）］	四川	陕西	青海	宁夏	内蒙古	甘肃
<-3	0.01	0	0.04	0.03	0.01	0.04
-3～-0.5	0.38	20.18	2.26	13.54	10.84	13.42
-0.5～0	10.85	52.73	44.76	56.61	68.20	36.99
0～0.5	47.20	18.00	37.02	18.23	16.38	32.13
0.5～3	41.11	9.00	14.60	10.81	4.30	15.37
>3	0.45	0.09	1.32	0.78	0.27	2.05

（3）水源涵养功能的保护成效分析

（a）水源涵养功能提升的管控梯度

2000—2019 年，生态保护管控区水源涵养量呈增加趋势，非管控区呈减少趋势。黄河上游国家级自然保护区、重点生态功能区和生态保护红线等生态保护管控区水源涵养量总体高于非管控区。生态保护管控区单位面积水源涵养量由 2000 年的 11.93 万 m^3/km^2 增加到 2019 年的 14.43 万 m^3/km^2，水源涵养量增加了 20.95%。尤其是 2015 年以后，水源涵养量持续增加，增幅约 2.31 倍。而非管控区水源涵养量呈减少趋势，单位面积水源涵养量由 7.21 万 m^3/km^2 减少到 5.79 万 m^3/km^2，水源涵养量减少了 19.70%（图 4-43）。

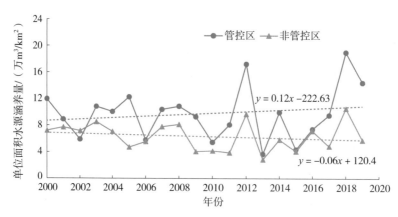

图 4-43　2000—2019 年生态保护管控区内外水源涵养变化情况

从不同国家级自然保护区的水源涵养量变化来看，三江源国家级自然保护区水源涵养量增加显著。三江源、尕海—则岔、洮河、长沙贡玛、黄河首曲、若尔盖湿地、太子山、鄂尔多斯遗鸥、红碱淖、甘肃莲花山、火石寨丹霞地貌 11 个国家级自然保护区水源涵养量增加，分别增加了 28.48 亿 m^3、1.57 亿 m^3、1.30 亿 m^3、1.27 亿 m^3、0.72 亿 m^3、0.17 亿 m^3、0.16 亿 m^3、0.07 亿 m^3、0.06 亿 m^3、0.02 亿 m^3、0.002 亿 m^3。其中，内陆湿地类型的三江源国家级自然保护区增加最多，2019 年单位面积水源涵养量较 2000 年增加了 1 倍左右。其他的 17 个国家级自然保护区水源涵养量有不同程度的减少。其中，以保护古老残遗濒危植物和荒漠生态系统为主的西鄂尔多斯国家级自然保护区水源涵养量减少最多，单位面积水源涵养量由 2000 年的 8.68 万 m^3/km^2 减少到 2019 年的 1.51 万 m^3/km^2，减少了 82.60%（表 4-16）。

表 4-16　黄河上游国家级自然保护区水源涵养变化

保护区类型	保护区名称	水源涵养量变化量 / 亿 m^3	单位面积水源涵养量 / （万 m^3/km^2）	
			2000 年	2019 年
内陆湿地	若尔盖湿地	0.17	24.31	25.30
	黄河首曲	0.72	20.17	23.88
	红碱淖	0.06	12.96	18.30
	三江源	28.48	6.63	13.23
森林生态	洮河	1.30	20.00	24.66
	尕海—则岔	1.57	17.28	23.73
	太子山	0.16	18.87	20.73
	大通北川河源区	−0.15	21.55	20.08
	兴隆山	−0.10	18.33	14.97
	甘肃祁连山	−0.32	15.04	13.08
	宁夏罗山	−0.13	16.02	12.22
	甘肃莲花山	0.02	9.40	11.14

保护区类型	保护区名称	水源涵养量变化量 / 亿 m³	单位面积水源涵养量 / (万 m³/km²)	
			2000 年	2019 年
森林生态	南华山	-0.12	16.97	10.78
	内蒙古大青山	-2.47	17.07	10.75
	连城	-0.22	12.94	8.40
	内蒙古贺兰山	-0.001	8.07	6.47
	循化孟达	-0.15	13.06	4.12
	宁夏贺兰山	-1.40	11.20	3.93
野生动物	长沙贡玛	1.27	10.59	18.02
	鄂尔多斯遗鸥	0.07	7.88	12.75
野生植被	西鄂尔多斯	-3.22	8.68	1.51
草原草甸	云雾山	-0.01	13.37	10.56
地质遗迹	火石寨丹霞地貌	0.002	10.64	12.02
古生物遗迹	鄂托克恐龙遗迹化石	-0.31	7.62	1.01
荒漠生态	哈巴湖	-0.35	9.86	5.91
	灵武白芨滩	-0.21	6.00	3.16
	沙坡头	-0.01	2.79	1.79
	哈腾套海	-0.01	1.12	0.50

主导功能为水源涵养功能的重点生态功能区中，若尔盖草原湿地生态功能区、甘南黄河重要水源补给生态功能区、三江源草原草甸湿地生态功能区水源涵养量呈增加趋势。3 个重点生态功能区水源涵养量分别增加 9.11 亿 m³、12.15 亿 m³ 和73.09 亿 m³，较 2000 年分别增加了 18.3%、24.1% 和 71.3%。祁连山冰川与水源涵养生态功能区主导功能也为水源涵养，但其水源涵养量呈减少趋势，2019 年水源涵养量较 2000 年减少 4.07 亿 m³，单位面积水源涵养量由 11.32 万 m³/km² 减少为9.40 万 m³/km²（图 4-44）。

与 2000 年相比，四川、甘肃、青海在黄河上游的生态保护红线单位面积水源涵养量明显增加。四川生态保护红线水源涵养量年均增加趋势为 0.40 万 m³/km²，2019 年单位面积水源涵养量较 2000 年增加了 21.2%（图 4-45）。青海和甘肃生态保护红线水源涵养量年均增加趋势分别为 0.26 万 m³/km² 和 0.11 万 m³/km²，2019 年单位面积水源涵养量较 2000 年分别增加了 69.1% 和 14.6%（图 4-45）。从图 4-40 可看出，四川阿坝县、红原县和青海久治县、甘德县内的生态保护红线水源涵养量增加趋势明显。陕西、宁夏和内蒙古在黄河上游的生态保护红线水源涵养量年均减少趋势分别为0.14 万 m³/km²、0.08 万 m³/km² 和 0.20 万 m³/km²，2019 年单位面积水源涵养量较2000 年分别减少 30.3%、36.7% 和 40.1%（图 4-45）。其中，内蒙古乌拉特中旗、鄂托克旗，宁夏惠农区、大武口区等县域内的生态保护红线水源涵养量减少趋势明显。

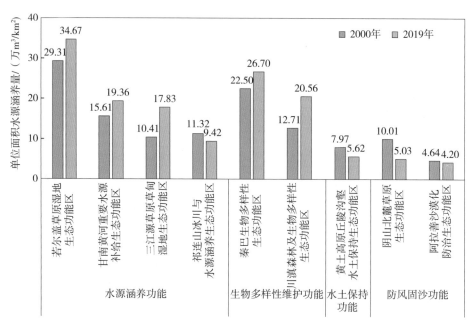

图 4-44　黄河上游重点生态功能区水源涵养量变化

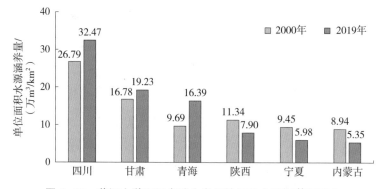

图 4-45　黄河上游不同省域生态保护红线水源涵养量变化

（b）植被覆盖度与水源涵养量的关联分析

上游地区植被覆盖度与水源涵养量在空间分布和变化上具有一致性。2019 年，黄河上游植被覆盖度为 29.77%，在空间上呈现南部较高、北部较低的趋势。植被覆盖度高值区主要分布在河源至玛曲、大夏河与洮河、玛曲至龙羊峡、湟水、大通河享堂以上等流域分区内，水源涵养量与植被覆盖度在空间分布上相对一致，即植被覆盖度高的区域，水源涵养量也相对较高（图 4-46）。同时，2000—2019 年，黄河上游植被覆盖度由 19.87% 增至 29.77%。特别是 2015 年之后，植被覆盖度与水源涵养量均表现为逐渐增加的变化趋势。植被覆盖度呈增加趋势面积占比达到了 95.7%，植被恢复效果的逐渐显现，有助于提升上游地区的水源涵养能力（图 4-47）。

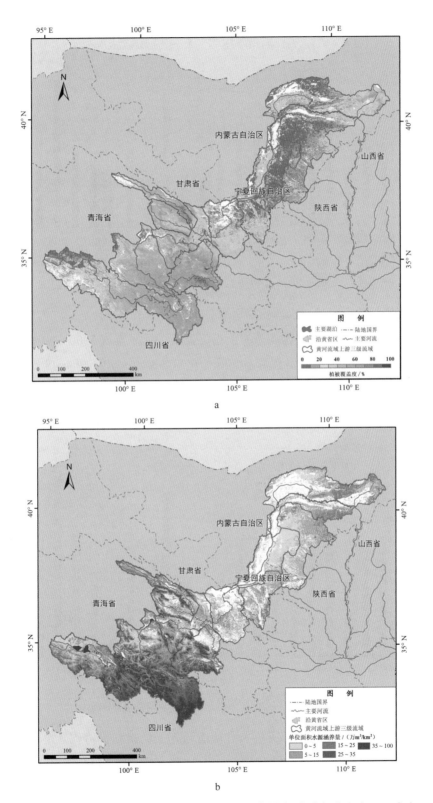

图 4-46 黄河上游植被覆盖度（a）与水源涵养量（b）空间分布（2019 年）

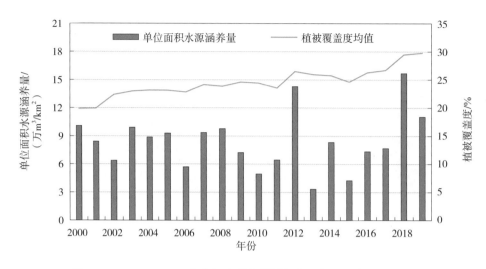

图 4-47 2000—2019 年黄河上游植被覆盖度和水源涵养量年际变化

（c）降雨、地表径流与水源涵养量的关联分析

降水量与水源涵养量呈现显著的正相关关系。黄河流域 2000—2019 年降水量呈现逐渐增加的趋势，与水源涵养量年际变化趋势基本一致（图 4-48）。同时，通过相关性分析可以看出，黄河上游的水源涵养量和降水量的相关关系显著，其相关系数为 0.73，说明降水量对水源涵养功能的影响较大。

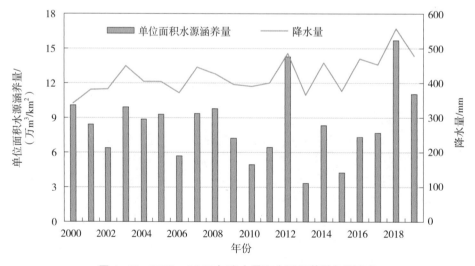

图 4-48 2000—2019 年降水量和水源涵养量年际变化

黄河上游水资源丰富，径流量大。从唐乃亥、兰州和头道拐 3 个水文站的观测数据来看，多年平均径流量分别为 195.21 亿 m³、298.50 亿 m³ 和 177.72 亿 m³（图 4-49）。2000—2019 年，在致密优良的草甸草原和高山灌丛强大的水源涵养功

能作用下，水量补给大幅增加，唐乃亥水文站径流量平均增加 1 倍，兰州站径流量提高了 83.86%。兰州至头道拐段生态较脆弱，植被覆盖度也相对较低，区域荒漠化现象较为突出，水源涵养功能也相对较弱，径流量平均减少 120.78 亿 m³，头道拐站径流量增加了 151.78%。整体来看，黄河上游区域水源涵养量增大，径流有所恢复。

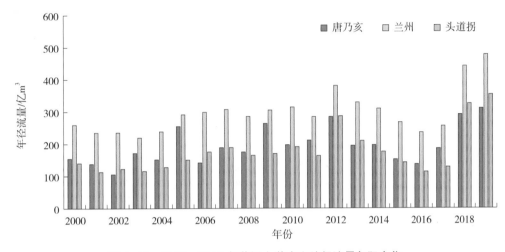

图 4-49　2000—2019 年黄河上游水文站径流量年际变化

 专栏 4-7：生态保护工程促进上游甘南地区水源涵养功能提升

　　2007 年 12 月国家发展改革委批复《甘南黄河重要水源补给生态功能区生态保护与建设规划（2006—2020 年）》，2008 年启动实施，开展包括重点生态功能区内部的生态保护与修复在内的三大类建设项目。2010 年国家设立重点生态功能区并实施中央财政转移支付政策。2013 年，国家林业局发布《甘南黄河重要水源补给生态功能区生态保护与建设规划（2013—2020 年）》，以黄河水源涵养补给能力增强、区域生态用地面积得到严格保护、林草植被覆盖度提高、森林蓄积量增加、野生动植物资源得到恢复为主要目标，开展功能区内生态系统保护与修复工程建设。

　　基于主体功能区规划的视角，以甘南州碌曲县为例，该县既属于禁止开发区又属于甘南黄河重要水源补给生态功能区。碌曲县财政转移支付主要分为三类：一是税收返还；二是一般性转移支付；三是用于保护生态环境的专项转移支付。2005—2011 年，碌曲县财政一般性转移支付资金从 0.5 亿元增加到 2.5 亿元，在转移支付总额的占比逐年下降；专项转移支付从 0.1 亿元增加到 4 亿元，在转移支付总额的占比不断上升；表明 2005 年国家提出主体功能区建设以来，碌曲县主要从事生态修复、生态建设等活动，国家加大了用于生态建设的专项转移支付资金的投入。

从耦合生态状况变化和生态保护政策、资金投入来看，甘南黄河重要水源补给生态功能区生态保护与建设规划实施后，区域内水源涵养总量、单位面积水源涵养量均明显增强（图1）。2011—2019年，自然保护区、重点生态功能区、黄河上游甘南地区的单位面积水源涵养量均值相较于2001—2010年，分别增长了21.0%、13.7%、23.4%。

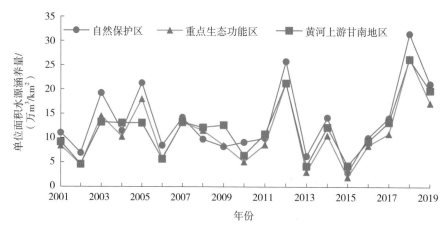

图1 黄河上游甘南地区不同管控区水源涵养量年际变化

2. 黄河中游土壤保持功能变化特征

根据黄河中游2000—2019年土壤保持量的变化趋势判断黄河中游的土壤保持功能整体变化情况；根据土壤保持量变化速度将黄河中游土壤保持量变化分为三个级别，分别为降低（<-10 t/km²）、稳定（-10 t～10 t/km²）、增加（>10 t/km²），并以土壤保持功能变化趋势面积比例来分析比较行政区、子流域土壤保持功能变化。同时，以土壤保持量分别与植被覆盖度、河流泥沙含量、降水量做关联分析，分析黄河中游及小区域尺度的土壤保持功能的变化情况。

（1）土壤保持功能变化特征

黄河中游2000—2019年土壤保持功能整体增强。黄河中游土壤保持量整体呈增加趋势，增加幅度为0.41万 t/km²；土壤侵蚀量整体呈减少趋势，减幅为0.64万 t/km²。空间方面，黄河中游土壤保持量变化以增加为主，增加部分占黄河中游总面积的41.04%，主要分布于山西、陕西北部以及内蒙古部分区域；土壤侵蚀量以减少为主，减少部分占黄河中游总面积的55.20%，主要集中分布于黄河中游涉及的甘肃、陕西南部、宁夏与河南南部（图4-50、图4-51）。综合来看，黄河中游2000—2019年土壤保持功能整体增强。

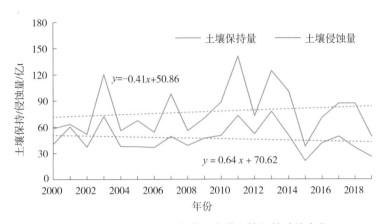

图 4-50　2000—2019 年黄河中游土壤保持功能变化

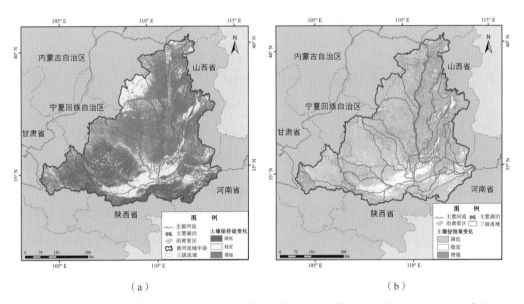

（a）　　　　　　　　　　　　　　　（b）

图 4-51　黄河中游土壤保持量（a）和土壤侵蚀量（b）变化空间分布（2000—2019 年）

（2）不同空间尺度土壤保持功能变化分析

（a）三级流域分区尺度

黄河中游共有三级子流域 14 个，从土壤保持量整体变化来看，7 个子流域以增加为主，且面积比例均超过 50%，分别为河口镇至龙门左岸、吴堡以上右岸、吴堡以下右岸、汾河、北洛河状头以上、三门峡至小浪底区间、沁河；4 个子流域以稳定为主，分别为龙门至三门峡干流区间、渭河咸阳至潼关、小浪底至花园口干流区间、渭河宝鸡峡至咸阳。其中，前 3 个子流域土壤保持量稳定的面积比例超过 50%；3 个子流域以降低为主，分别为渭河宝鸡峡以上、泾河张家山以上、伊洛河，土壤保持量减少的面积比例均超过 50%（表 4-17）。

表4-17　黄河中游各子流域土壤保持量和土壤侵蚀量变化面积占比　　单位：%

流域编号	子流域名称	土壤保持量			土壤侵蚀量		
		增加	稳定	减少	增加	稳定	减少
13	河口镇至龙门左岸	76.48	23.50	0.02	47.93	12.26	39.81
14	吴堡以上右岸	66.21	33.79	0.00	31.8	11.51	56.69
15	吴堡以下右岸	57.57	42.37	0.06	24.16	9.1	66.74
16	汾河	70.7	29.18	0.12	46.77	18.22	35.01
17	龙门至三门峡干流区间	23.66	54.04	22.3	19.96	41.06	38.98
18	渭河宝鸡峡以上	14.35	31.15	54.5	23.61	15.22	61.17
19	渭河宝鸡峡至咸阳	11.66	45.65	42.69	19.61	33.19	47.20
20	泾河张家山以上	11.08	32.66	56.26	15.00	12.17	72.83
21	渭河咸阳至潼关	2.08	61.25	36.67	7.52	46.9	45.58
22	北洛河状头以上	50.17	38.9	10.93	21.64	17.12	61.24
23	三门峡至小浪底区间	67.57	25.14	7.29	21.06	15.38	63.56
24	小浪底至花园口干流区间	3.01	60.66	36.33	2.96	45.13	51.91
25	伊洛河	0.78	30.34	68.88	4.95	21.29	73.76
26	沁河	54.93	35.48	9.59	30.83	22.68	46.49

从土壤侵蚀量整体变化来看，黄河中游土壤侵蚀量变化以稳定与减少为主；有10个子流域土壤保持量以减少为主，其中，8个子流域土壤保持量减少的面积比例超过50%，仅2个子流域以增加为主，分别为河口镇至龙门左岸、汾河；渭河咸阳至潼关流域以稳定为主（表4-14）。综合来看，河口镇至龙门左岸、吴堡以上右岸、吴堡以下右岸、汾河、北洛河状头以上、三门峡至小浪底区间、沁河土壤保持能力增强。

（b）行政区尺度

黄河中游共涉及6个省区，从各省区土壤保持量变化来看，3个省区土壤保持量以降低为主，分别为河南、宁夏、甘肃，面积占比分别为55.93%、54.75%、52.42%；2个省份土壤保持量以增加为主，分别为山西、陕西，占比分别为69.03%、41.94%；内蒙古土壤保持量整体稳中有升。从土壤侵蚀量变化来看，除山西外，其余5个省区土壤侵蚀量以降低为主，其中，4个省区土壤侵蚀量降低面积的占比超过50%，由高到低分别为甘肃、河南、宁夏、陕西，内蒙古土壤侵蚀量降低的面积占比为47.07%；山西的土壤侵蚀量以增强为主，面积占比为42.20%（图4-52）。

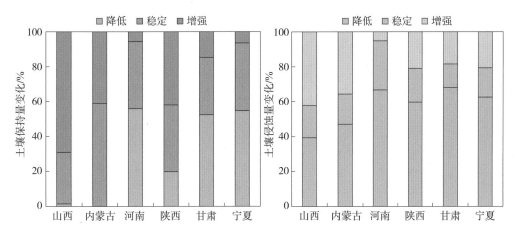

图 4-52　2000—2019 年黄河中游各省区土壤保持功能变化方向面积比例

（3）土壤保持功能的保护成效分析

（a）土壤保持功能变化的管控梯度

从土壤保持量变化来看，黄河中游生态保护管控区土壤保持量增强的面积比例较高，占管控区总面积的 51.51%，非管控区土壤保持量变化均以稳定为主；从土壤侵蚀量变化来看，生态保护管控区土壤侵蚀量降低的面积比例较高，而非管控区土壤侵蚀量则以增强为主（表 4-18）。从整体变化来看，黄河中游生态保护管控区的土壤保持量增幅大于非管控区（图 4-53），土壤侵蚀量整体呈减少趋势，生态保护管控区的土壤侵蚀量减幅大于非管控区（图 4-54），说明管控区的保护措施对土壤保持功能有提升作用。

表 4-18　黄河中游生态保护管控区内外土壤保持量变化区域面积及其占比

管控区类型	面积 /万 km²	土壤保持量			土壤侵蚀量		
		降低区域面积（占比 %）	稳定区域面积（占比 %）	增强区域面积（占比 %）	降低区域面积（占比 %）	稳定区域面积（占比 %）	增强区域面积（占比 %）
管控区	14.29	3.46（24.21）	3.47（24.28）	7.36（51.51）	8.90（62.30）	1.40（9.82）	3.98（27.88）
非管控区	20.13	4.34（21.55）	9.03（44.84）	6.77（33.61）	10.10（50.16）	4.99（24.79）	5.04（25.05）

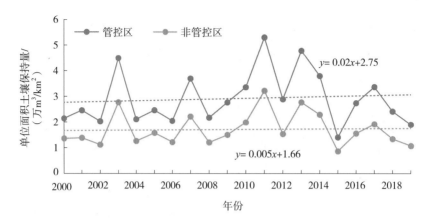

图 4-53　黄河中游生态保护管控区与非管控区土壤保持量变化（2000—2019 年）

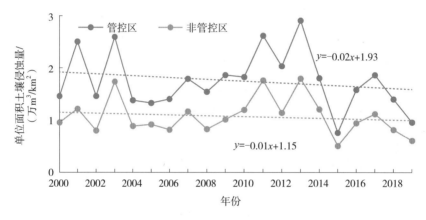

图 4-54　黄河中游生态保护管控区与非管控区土壤侵蚀量变化（2000—2019 年）

（b）土壤侵蚀总量与植被覆盖度和降雨的关联分析

2000—2019 年，黄河中游植被覆盖度整体呈增加趋势，由 2000 年的 27.32%
增加到 2019 年的 46.72%；土壤侵蚀总量呈减少趋势，由 2000 年的 39.98 亿 t 减少
到 2019 年的 25.80 亿 t，减幅为 0.41 亿 t/a（图 4-55）。说明黄河中游植被覆盖度的
增加对土壤侵蚀量的减少有一定的促进作用。相关研究也发现，2000 年以来，随
着退耕还林还草工程的实施，植被措施成为了土壤保持的主要贡献者，但随着坝库
等工程措施拦沙能力的逐渐下降，在黄土高原维持可持续的植被生态系统对有效保
持土壤和控制黄河输沙量反弹至关重要（Wang et al.，2016）。

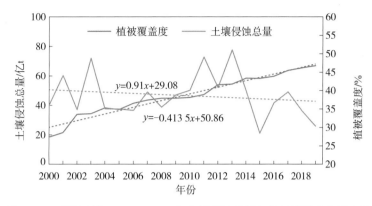

图 4-55　黄河中游 2000—2019 年土壤侵蚀总量与植被覆盖度年际变化

2000—2019 年，黄河中游年降水量整体呈增加趋势，土壤侵蚀总量呈减少趋势（图 4-56）；根据土壤侵蚀量计算公式，降水量对其增加起到促进作用，而实际情况为降水量增加、土壤侵蚀量减少，说明黄河中游整体土壤保持能力增强。

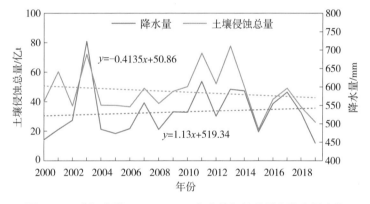

图 4-56　黄河中游 2000—2019 年土壤侵蚀总量和降水量变化

（c）土壤侵蚀总量与泥沙关联性分析

本书选择了两个黄河中游的典型子流域，通过对比分析 2000—2018 年流域内的土壤侵蚀量和流域出口断面入河泥沙量来反映子流域的土壤保持功能的变化情况。

吴堡以下右岸三级流域分区，以无定河白家川水文站为控制断面，发现 2000—2018 年无定河流域土壤侵蚀总量与入河泥沙量均呈减少趋势（图 4-57），减少幅度分别为 0.03 亿 t/a、0.02 亿 t/a，无定河泥沙量的减少证实了流域内土壤侵蚀量的减少、土壤保持功能的增强。

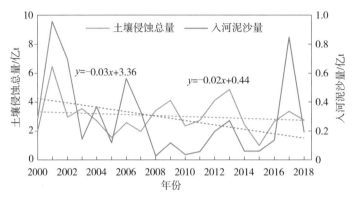

图 4-57　无定河流域土壤侵蚀总量和无定河泥沙量变化（2000—2018 年）

北洛河状头以上三级流域分区，以北洛河状头水文站为控制断面，发现 2000—2018 年北洛河状头以上流域土壤侵蚀总量与入河泥沙量均呈减少趋势，减少幅度分别为 0.03 亿 t/a、0.02 亿 t/a（图 4-58）；北洛河泥沙量的减少证实了流域内土壤侵蚀量的减少，土壤保持功能的增强。

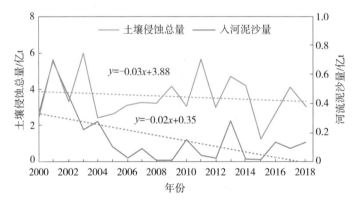

图 4-58　北洛河流域土壤侵蚀总量和泥沙量变化（2000—2018 年）

 专栏 4-8：坡度是土壤保持功能的限制因子，需增加多元的修复工程提高大坡度地貌的土壤保持功能

黄河中游单位面积土壤侵蚀量与土壤保持量的地貌类型排序基本一致，仅台地和塬、黄土梁峁两种地貌类型二者排序颠倒。植被覆盖度与土壤保持量的地貌类型排序一致，仅中起伏山地、小起伏山地的排序相反（图 1）。也就是说，黄河中游植被覆盖度高的地貌类型，对应的土壤侵蚀量和土壤保持量也高，反映了对于同种地貌类型来说，土壤保持功能提高的难度大。

植被覆盖度已经较高的地貌类型区仅靠提高植被覆盖度已无法持续提高土壤保持功能，需增加多元化人工泥沙拦截工程来进一步提高土壤保持功能。

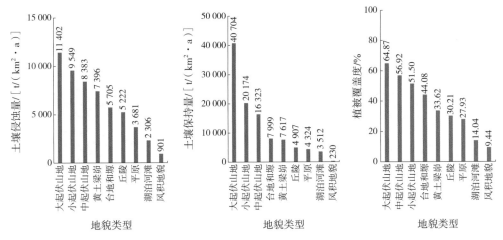

图 1　不同地貌类型的土壤侵蚀量、土壤保持量和植被覆盖度排序

3. 下游黄河三角洲生物多样性维持功能变化

1999—2017 年，黄河三角洲的自然湿地面积不断收缩，18 年间共减少 732.44 km²；人工湿地面积逐步扩展，增加了 735.62 km²。总体来看，黄河三角洲植被覆盖度和陆域水体面积呈逐渐增长趋势，生境质量呈下降趋势，生物多样性保护热点区域呈逐渐缩小趋势。从管控梯度来看，自然保护区内的生物多样性维持功能显著高于保护区外，其中管控措施相对完善的缓冲区和核心区的生境质量相对较高，保护区外的人类活动干扰强度较大。根据水鸟数量可以看出，后期水鸟数量有所提升，一定程度上反映了开展滨海湿地保护和修复工程等生态保护措施对提高生物多样性的积极推动作用。

（1）生物多样性维持功能各要素变化特征

（a）生态系统类型变化

利用三期（1999 年、2009 年和 2017 年）Landsat 遥感影像的平水期数据，目视解译得到研究区的土地利用分布（图 4-59）。1999—2017 年，自然湿地面积不断收缩，18 年间共减少 732.44 km²；人工湿地面积逐步扩展，增加了 735.62 km²。三角洲地区岸线变化复杂，北部受海水侵蚀严重，入海口处总体不断向海淤进。黄河三角区域植被范围不断缩减，水田、养殖池、盐田显著扩张，而灌丛湿地、草本沼泽、盐沼湿地、滩涂等自然湿地类型显著降低（图 4-60）。

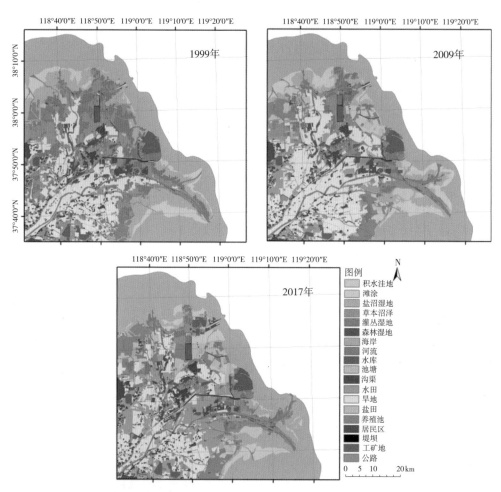

图 4-59　黄河三角洲 1999 年、2009 年和 2017 年自然湿地和人工湿地分布

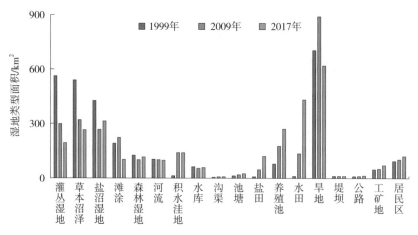

图 4-60　不同时期黄河三角洲湿地类型面积对比

（b）植被覆盖度变化

2000—2019 年，黄河三角洲植被覆盖度以平均每年 0.30% 的速度增长。通过监测发现，黄河三角洲的植被覆盖度均值为 20.64%，年际波动较大；2007 年之前，植被覆盖度基本呈增长趋势，之后呈规律性波动变化（图 4-61）。

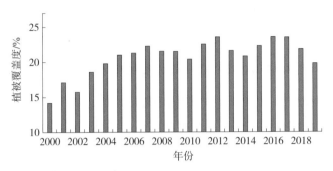

图 4-61　2000—2019 年黄河三角洲植被覆盖度年际变化

从黄河三角洲植被覆盖度的空间变化来看（图 4-62），距离海边较远的陆地植被覆盖度变好趋势明显，而滨海地区的植被覆盖度仍然很低，并且低植被区部分区域有所扩大。

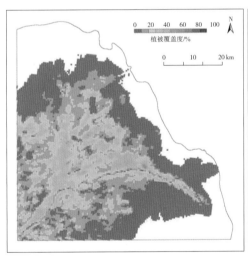
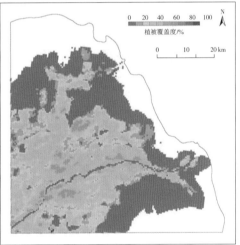

a. 2000年　　　　　　　　　　　　　　　　　　b. 2019年

图 4-62　黄河三角洲植被覆盖度空间分布

（c）水体面积变化

监测结果发现，黄河三角洲的陆域水体呈波动上涨趋势。2000—2019 年，水体面积以每年 12 km² 的速度增加；2000—2019 年，水体面积由 106.01 km² 增加为 343.90 km²（图 4-63）。

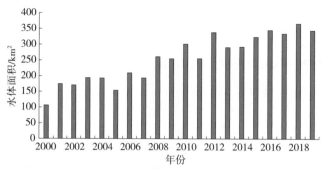

图 4-63　2000—2019 年黄河三角洲水体面积年际变化

（d）生境质量变化

以 1999 年、2009 年和 2017 年土地利用数据为基础，通过 InVEST 模型对黄河三角洲生物多样性维持功能开展评估，结果显示，黄河三角洲生物多样性维持功能较高区集中在滨海湿地自然资源丰富区（图 4-64），从时间序列变化来看（图 4-65），1999 年，黄河三角洲生物多样性维持功能高值区整体较为连贯和完整，后逐渐被围垦开发破坏，生物多样性维持功能高值区分布范围逐渐缩减，空间分布上逐渐离散，仅一千二保护区和黄河口保护区滨海湿地的生物多样性维持功能相对完好，充分表明滨海湿地保护对维持区域生物多样性的重要性。

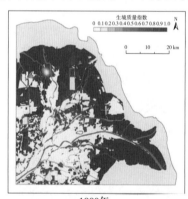

1999年

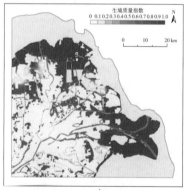

2009年

2017年

图 4-64　黄河三角洲生境质量指数时空变化格局

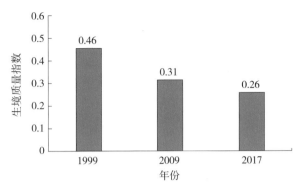

图 4-65 不同时期黄河三角洲生境质量指数

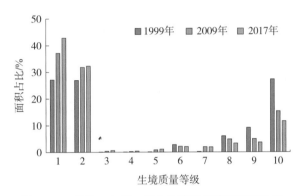

图 4-66 黄河三角洲三期各生境质量等级面积比例

（e）生物多样性保护热点区域面积变化

利用植被斑块的景观连通重要性和水鸟生物多样性维持功能的评估结果，将二者高值区叠加得到黄河三角洲生物多样性保护热点区域空间分布格局。统计可知，1999—2017 年，黄河三角洲生物多样性保护热点区域集中于一千二保护区和黄河口保护区，保护热点区域面积呈显著缩减趋势，其中，2017 年较 2009 年减少了26.79%，较 1999 年减少了 39.49%（图 4-67、表 4-19）。

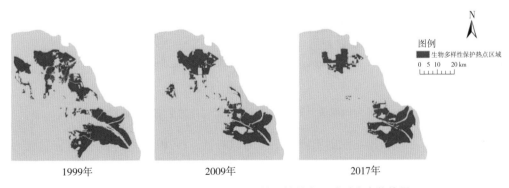

图 4-67 黄河三角洲生物多样性保护热点区域时空变化格局

表 4-19 黄河三角洲三期生物多样性保护热点区域面积 　　　　　单位：km²

	1999 年	2009 年	2017 年
面积	829.79	607.51	502.11

（2）生物多样性维持功能的保护成效分析

1992 年，国务院批准设立黄河三角洲国家级自然保护区，下设一千二、黄河口、大汶流 3 个管理站，以保护新生湿地生态系统和珍稀濒危鸟类为主的湿地类型自然保护区。

通过对比保护区内外的生境质量指数可以看出，保护区内的生物多样性维持功能显著高于保护区外，且保护区外的人类活动干扰强度较大。但从时间序列来看，保护区内和保护区外的生境质量均呈逐渐降低趋势。同时，从保护区内的管理梯度来看，缓冲区和核心区的生境质量相对较高。

（a）生物多样性维持功能变化的管控差异

自然保护区生境质量指数呈逐渐降低趋势，从 1999 年的 0.56 降至 2017 年的 0.45。保护区外的生境质量指数从 1999 年的 0.39 降至 2017 年的 0.15（图 4-68）。从土地利用类型来看，1999—2017 年，人类活动主要侵占草本沼泽和灌丛湿地，分布面积呈逐年下降趋势，分别下降了 274.4 km² 和 367.9 km²。另外，森林湿地、滩涂、盐沼湿地也呈波动下降趋势，面积分别减少 9.4 km²、88.8 km² 和 113.0 km²；而人工湿地面积增长迅速，尤其是水田、养殖池和盐田，面积分别增加了 421.5 km²、191.5 km² 和 112.3 km²（图 4-59）。

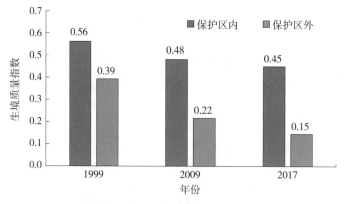

图 4-68　不同时期黄河三角洲自然保护区内外的生境质量指数对比

自然保护区内根据功能的不同，划分为核心区、缓冲区、实验区。首先，核心区以保护原生生态系统为主，保护力度最为严格；其次为缓冲区，是以保护为主的半开发区；再次为实验区，允许适度开展旅游、科普教育等活动。根据生物多样性维持功能在各个功能区的变化（图4-69）可以看出：缓冲区的生物多样性维持功能最高，但是其下降幅度也最高；其次为核心区，其生物多样性维持功能相对稳定，表明核心区在这期间被保护得相对较好；生物多样性维持功能最低的为实验区，并且下降幅度较大。

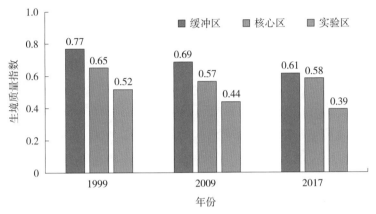

图 4-69　黄河三角洲自然保护区内的生境质量指数

人类活动对区域的生物多样性维持功能有重要影响，如石油开采、道路建设、城镇扩张、人工湿地侵占自然湿地等，对生态环境造成严重破坏，进而影响了生物多样性维持功能。根据黄河三角洲的人类活动干扰强度可知，2000—2018 年，黄河三角洲保护区内的人类活动干扰强度相对较小，保护区外的人类活动干扰强度相对较大。保护区内的人类活动干扰强度呈先升高后降低的趋势，而保护区外呈先降低再升高的趋势（图 4-70）。

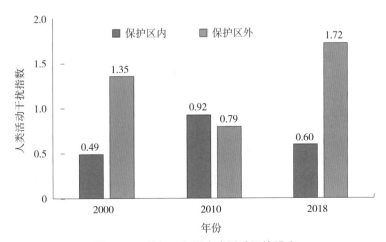

图 4-70　黄河三角洲人类活动干扰强度

（b）水鸟数量变化

黄河三角洲是东亚—澳大利亚水鸟迁徙上最关键的栖息地节点之一，以监测到的水鸟数量表征生态修复成效。根据文献和黄河三角洲管理站记录的水鸟数量（张希涛等，2011；刘海防，2015）可以看出，2002—2018 年，观测水鸟数量呈现先下降后增加的趋势（图 4-71）。已有研究表明，该迁徙线路水鸟数量下降明显，可能是由于前期人类进行大规模滨海湿地围垦开发活动导致（MacKinnon et al.，2012）；而后期黄河三角洲生物多样性逐步受到重视，国家及当地政府相继出台了一系列水鸟保护及滨海湿地保护修复政策，尤其是在自然保护区内开展了较大规模的湿地生境修复工程，一千二自然保护区的湿地修复工程所带来的生境质量提升效果尤为明显（裴俊等，2018）。由图 4-71 可以看出，2002—2018 年，黄河三角洲的水鸟数量呈波动上升趋势，反映了开展滨海湿地保护和修复工程对生物多样性的保护作用。

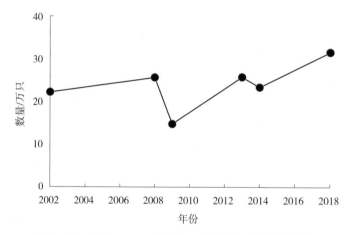

图 4-71　2002—2018 年黄河三角洲水鸟数量变化动态

 专栏 4-9：道路修建对植物的影响

道路修建对植物的主要影响因素包括修建的时间和距离（图 1）。新修建的道路附近，植物多样性指数较低，但随着时间的增加，距离道路近的植物多样性指数恢复较快，并且远高于其他地区。当距离大于 30 m 时，道路修建对植物多样性的影响逐渐减小。

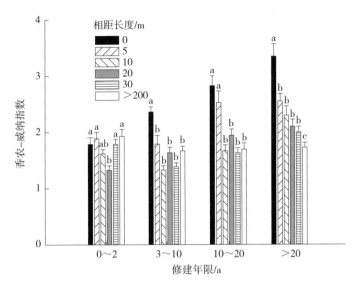

图 1　不同道路修建年限及不同相距长度下的植物多样性指数变化

五
主要问题

（一）典型生态系统退化方面

草地和冰川是黄河流域典型的生态系统类型，在气候变化和人类活动的影响下，面临不同程度的退化。

1. 局部地区草地退化仍然存在，畜牧压力依然较大

草地整体恢复趋好，但局部地区草地仍有一定程度的退化。草地是黄河流域重要的生态系统，据全国生态状况变化（2010—2015年）调查评估报告[①]，2015年黄河流域草地生态系统面积达44.3%。在对黄河上游涉及的5省区131个县域的草地调查评估中，发现草地面积约占国土总面积的72.3%，草地长势变化十分典型。总体上看，2000年以来，黄河上游草地长势以增加为主，面积达81.8%，主要分布在北纬35°以北的流域中北部，兰州和银川地区的草地长势增加最显著（图5-1a）。但2015—2019年，在整体恢复趋好的情况下，黄河上游草地仍有不同程度的退化（图5-1b），长势差的草地面积较2010—2014年增加了5.5%，如青海曲麻莱县、青海互助土族自治县、甘肃夏河县长势差的草地面积均大幅增加。

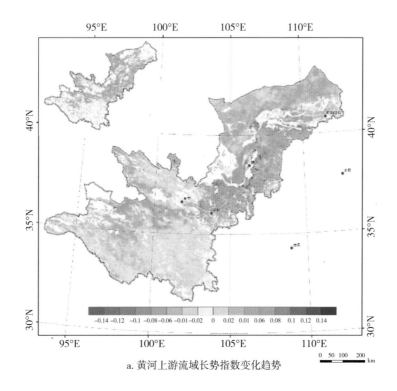

a. 黄河上游流域长势指数变化趋势

---

① 环境保护部、中国科学院：全国生态状况变化（2010—2015年）调查评估报告，2017。

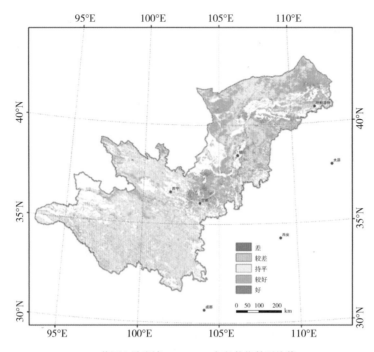

b. 黄河上游流域2015—2019年长势指数平均值

图5-1 黄河上游草地长势指数变化

（a 显示 2000—2019 年的变化趋势，a 左上图为显著增加的区域；b 显示近 5 年长势等级）

　　根据草地长势指数的监测结果，结合退牧还草、草原生态奖补政策等生态保护修复工程的实施情况，可将研究区草地退化情况分为两个阶段，2000—2009 年呈现明显的退化状态，而 2010—2019 年则呈现明显的整体恢复状态（图 5-2）。其中，2010 年前，轻度退化的草地在区域内所有县域均有分布，又以流域西南部的青藏高原地区分布最为集中；中度退化草地集中分布在青海的都兰县、共和县，以及宁夏的青铜峡、盐池县，内蒙古的鄂托克旗和鄂托克前旗等区域。2010 年后，轻微恢复的草地广泛分布于各县域；较明显恢复区集中在甘肃景泰县、宁夏海原县、内蒙古的四子王旗等区域；明显恢复区主要分布在甘肃永登县和山丹县、内蒙古磴口县等区域；但该阶段退化区草原面积占比仍有 27.9%，其中，中度退化面积为 6.26%，主要分布在黄河上游南部的青海、四川，以及内蒙古的鄂托克前旗、鄂托克旗等局部区域。一般情况下，围栏封育是一种简单、有效的植被恢复技术，被广泛应用于退化植被恢复和草原管理利用中，但逐渐有研究发现围栏封育时间的延长对草原恢复作用不显著（金轲，2020），甚至长期围封还可能导致土壤酸化、草地生物多样性降低（王小丹等，2015）、植被演替进程的改变（魏斌等，2017）、鼠兔活动增加等新的草地退化问题。

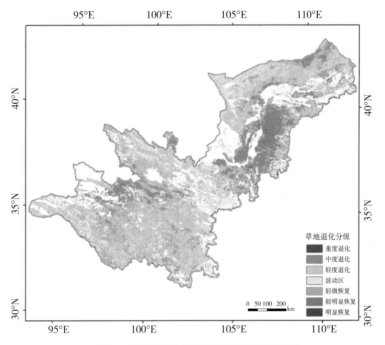

a. 2000—2009年黄河上游流域草地退化空间分布

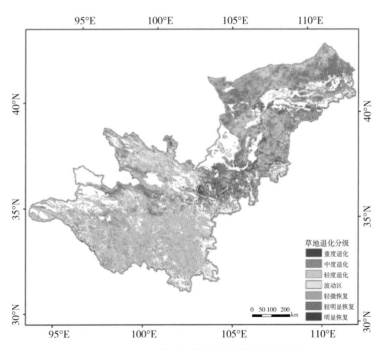

b. 2010—2019年黄河上游流域草地退化空间分布

图 5-2　黄河上游草地退化情况

（a：退化阶段，2000—2009 年；b：恢复阶段，2010—2019 年）

草畜承载状况总体趋向平衡，但仍然超载。通过对 2006—2019 年黄河上游牧区、半牧区可食干草产量、已采食量、补饲量、牲畜存栏数的调查，计算了该区域总饲草料储量和实际载畜量，进而得到各县区的草畜平衡状况（图 5-3）。发现整个研究区总饲草料储量总体较为稳定，补饲量逐年增加，其占总饲草料储量的比例在 2006—2019 年增加了 19.4%。这说明受政策影响，当地政府、企业、牧民开始优化生产布局，转变畜牧业生产方式，发展设施养殖业，实现"禁牧不禁养，减畜不减收"，从而缓解了草原生态环境压力，有效促进了退化草原修复和生态保护。实际载畜量先增（2006—2011 年）后减（2012—2019 年），尤其是 2017 年后，总超载率低于 15%，载畜开始平衡。但一直以来天然草地实际载畜量依然高于理论载畜量，平均超载率为 25.7%，总体为超载状态。截至 2019 年，流域中部仍有诸多县区载畜压力较大，如四川若尔盖县、青海贵德县多年来均呈超载或严重超载状态。

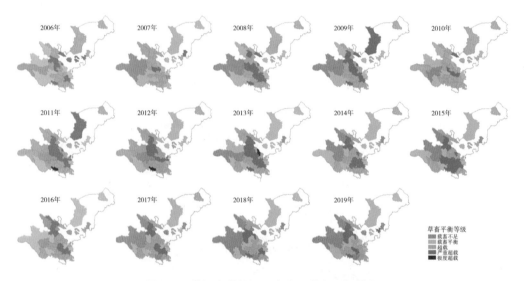

图 5-3　黄河上游牧区、半牧区草畜平衡状态

 专栏 5-1：草畜压力依然严峻

青海贵德县草原退化的监测结果表明，2000—2009 年，县内草原总体呈现退化状态，退化面积占比为 90.91%；2010—2019 年，植被呈总体恢复的态势，退化面积比例下降为 25.88%；而植被恢复总面积比例由 2000—2009 年的 1.50% 增加到 2010—2019 年的 53.39%，植被恢复面积大幅增加。2000—2009 年，草原以轻度退化为主，面积占比为 72.90%，其次为重度退化，面积占比为 17.72%，两者面积比

例合计超过 90%；2010—2019 年，草原以轻微植被恢复为主，占比为 40.00%，较明显恢复面积占比为 12.74%，两者比例合计超过 50%。从空间分布图看，2000—2009 年，全县基本为退化状态，而 2010—2019 年植被总体呈现恢复状态，但局部仍呈现退化状态。

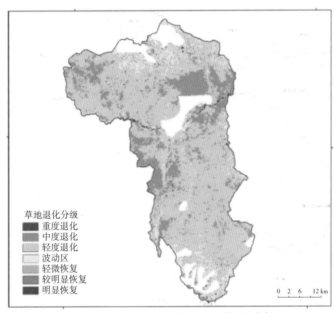

a. 2000—2009年青海省贵德县草地退化空间分布

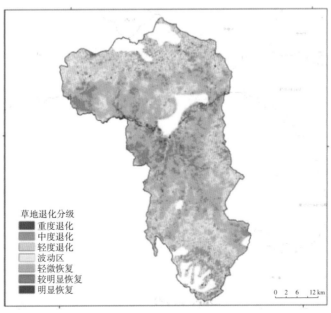

b. 2010—2019年青海省贵德县草地退化空间分布

图 1　青海贵德县退化草原空间分布

草畜压力是导致草地退化的原因之一。从草畜状况来看，贵德县草原在 2006—2019 年总体以超载为主，期间呈现波动变化。其中，除 2007 年和 2010 年外，其他年份均以超载为主，并在 2018—2019 年达到严重超载。从贵德县草畜状况来看，超载主要是因为实际牲畜数量的增加，尤其是 2018 年和 2019 年。

表 1　青海贵德县退化草原情况

退化分级	面积 /km²		面积占比 /%	
	2000—2009 年	2010—2019 年	2000—2009 年	2010—2019 年
重度退化	9	13	0.29	0.40
中度退化	567	162	17.72	5.05
轻度退化	2 332	654	72.90	20.43
波动区	243	663	7.59	20.73
轻微恢复	36	1 279	1.12	40.00
较明显恢复	7	408	0.21	12.74
明显恢复	5	21	0.17	0.65

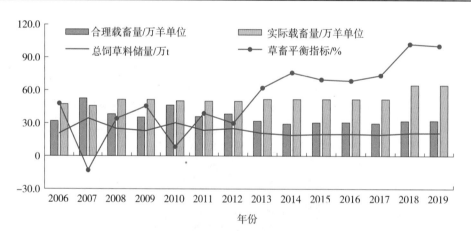

图 2　青海贵德县时间序列草畜平衡状况

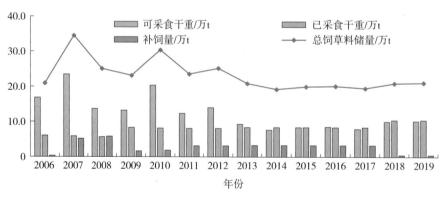

图 3　贵德县时间序列总饲草料储量构成

贵德县草地退化和草畜平衡分析表明，草地植被虽然整体呈现恢复状态，但局部仍存在草地退化，草畜的压力依然严峻。

2. 气候变化导致冰川消退加速，水资源短缺和生态环境风险增加

冰川是黄河流域重要的淡水资源和气候变化敏感指示器。黄河流域地处气候湿润—干旱过渡带，其天然禀赋决定了其水资源先天不足且时空分布极其不均，缺水是黄河流域生态保护和高质量发展面临的最大挑战（刘昌明等，2020）。冰川不仅是重要的淡水资源，每年释放大量的冰、雪融水补给河流，而且还是气候变化的敏感指示器，可以从根本上认识气候变化对流域水资源的影响。全国第二次冰川编目资料显示，黄河流域分布有 164 条冰川，面积约为 126.7 km^2（刘时银等，2015），阿尼玛卿山是黄河上游冰川分布较为集中的区域，约占整个黄河流域冰川面积的81%，该地区的冰川变化不仅直接关系下游地区河川径流的变化，而且对黄河流域的水资源状况、生态环境变化等均具有重要影响（图 5-4）。

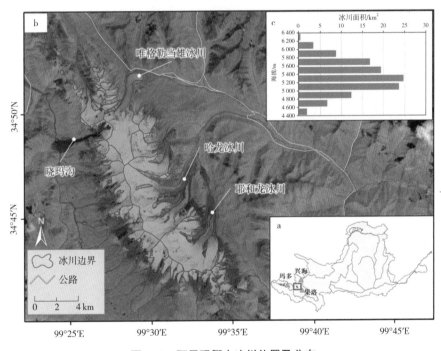

图 5-4　阿尼玛卿山冰川位置及分布

注：图中 a 红色框标出阿尼玛卿山在黄河流域的位置，附近有玛多站、兴海站和果洛站 3 个国家地面气象观测站。图中 b 用红色线标出了阿尼玛卿山地区的冰川范围，数据源自全国第二次冰川编目，背景图为哨兵 2 号卫星遥感数据第 12、8、5 波段组合的假彩色影像，绿色为植被，蓝色为冰川，影像获取时间为 2019 年 7 月 30 日。图中 c 是阿尼玛卿山冰川面积随海拔的分布。

阿尼玛卿山地区冰川面积持续减少，冰量严重损失。本书主要利用2001—2019年多源卫星遥感数据和对地观测高程数据，对阿尼玛卿山地区冰川现状和变化状况开展了监测和分析，结果发现：

一是冰川面积持续减少。2019年，冰川面积为93.3 km²，较2001年净减少21.5 km²，主要表现为冰川末端和规模小的冰川萎缩严重（图5-5）。

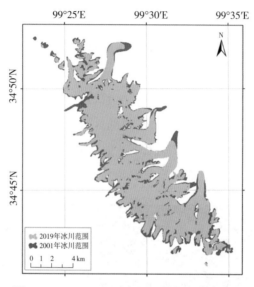

图5-5　2001—2019年阿尼玛卿山冰川范围

二是2008—2013年冰川面积减少趋势最为明显。2008年前，冰川面积减少速率为0.16 km²/a；2008—2013年，冰川面积减少速率达2.58 km²/a；2013年后，冰川面积减少速率逐渐降低（图5-6）。

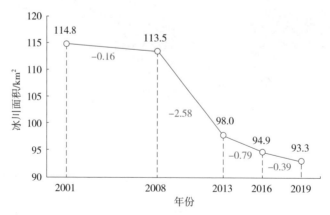

图5-6　2001—2019年阿尼玛卿山冰川面积变化

（图中红色数字表示冰川面积变化速率，单位为 km²/a）

三是 2008 年前后两个时期的冰面高程变化特征迥异。2000—2008 年，冰面高程随海拔高度上升，既有强烈消融现象，也出现了冰面高程大幅抬升现象，综合来看，阿尼玛卿山地区冰川平均冰面高程下降 4.02 m，年均降低量约 0.5 m。冰面高程抬升的主要原因在于，冰川跃动导致冰川末端大幅前进，造成相应区域冰面高程抬高。2008—2013 年，冰面呈现从低海拔至高海拔区域整体消融态势。低海拔区最大冰面降幅为 18 m，平均冰面高程下降 5.53 m，年均降低量为 1.11 m（图 5-7）。

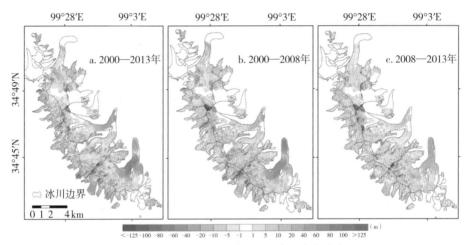

图 5-7　阿尼玛卿山地区冰面高程变化分布

四是冰面高程变化导致冰量严重损失。2000—2008 年，阿尼玛卿山地区损失冰量约 4.1 亿 m³；2008—2013 年，损失冰量约 5.7 亿 m³。13 年间冰量整体损失约 9.8 亿 m³。

气候变化是黄河源区典型冰川持续消退的主要影响因素。阿尼玛卿山冰川位于三江源国家级自然保护区，除东南方向的部分冰川位于实验区外，大部分冰川都位于核心区，鲜有人类活动的直接影响。通过对阿尼玛卿山的玛多站、兴海站和果洛站气温和降水资料的分析，发现 2000 年以来，冰川阶段性变化是气温升高和降水波动、冰川对气候变化差异性响应等因素共同作用的结果。2000—2019 年，阿尼玛卿山地区气温持续升高，降水呈现三个变化阶段（图 5-8）：2000—2008 年增加、2008—2013 年波动下降、2013—2019 年再次增加。由于冰川变化是消融区冰面消融和积累区冰体物质积累共同作用的结果，气温升高加快冰川消融，是冰川物质平衡的负贡献项；降水则对冰川产生补给，是冰川物质平衡的正贡献项，降水增加可抵消温度升高所导致的冰川加速消融。因此，2000—2008 年，虽气候变暖有利于冰川消融，但由于降水持续增加，冰川得到一定补给；2008—2013 年，气温增速有所放缓，但降水持续减少，导致冰川物质失衡，这些成为冰川面积加速萎缩和冰面高程整体下降的主要原因；2013 年后，降水恢复增加趋势，对冰川的补给增加，抑制了冰川的退化速率。

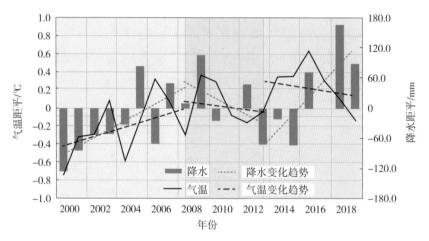

图 5-8　阿尼玛卿山地区 2000—2019 年气温和降水变化

注：该距平图基于阿尼玛卿山附近的玛多、兴海和果洛三个地面气象观测站监测数据的平均值而绘制。

 专栏 5-2：黄河上游地区气候呈现"暖湿化"趋势

近年来，在全球变暖的大背景下，黄河上游地区气候呈现"暖湿化"趋势。主要表现在：

（1）气温呈显著上升趋势，升温幅度高于全国平均水平。数据显示，1951—2018 年，黄河上游地区气温呈上升趋势，年平均气温上升了 0.82℃。21 世纪以来，增温趋势尤为显著，增温速率约为每 10 年 0.33℃，高于每 10 年 0.22℃的全国平均水平。年降水量最多的山西河曲地区，近 20 年增温趋势更为明显，年均气温以每10 年 0.53℃的速度增加，显著高于全国平均水平。

（2）降水总体呈增多趋势，空间分布差异明显。黄河上游地区年均降水量约346 mm，降水呈现从东南向黄河上游扇形递减的趋势。20 世纪 70 年代以来，全流域存在两次大的丰枯交替，周期振荡为 22 年左右，2007 年前后进入多雨期，降水量增加趋势明显。同时，降水量空间分布差异明显，部分地区降水量有所下降。

如 20 世纪 60 年代以来，山西河曲地区年降水量总体呈下降趋势，速率为每 10 年下降 13.25 mm，20 世纪 70—80 年代中期降水量呈明显增加趋势，80 年代后期至 90 年代末呈下降趋势，90 年代末至今较稳定、略有增加，降水量经历了"减少—增加—减少—平稳"的变化过程。

但是，"暖湿化"现象并未改变黄河上游地区的气候特征。黄河上游流域多年平均降水量为 104.44～745.83 mm，降水量分布非常不均匀。不同区域的"暖湿化"程度取决于降水量和蒸发量，部分区域实际降水量远小于潜在蒸发量。例如，甘肃民勤县年均降水量仅 113 mm，但蒸发量达 2 644 mm。气候变暖的背景下，降水量虽可能增加，但增加的绝对量较小，且潜在蒸发量也在增加。因此，"暖湿化"现象并不意味着黄河上游气候特征的改变。

（二）水土流失与水沙变化方面

黄河流域水土流失和水沙失衡一直是黄河流域生态治理的症结所在，新中国成立以来水沙治理虽然取得了巨大成就，但形势仍然严峻。

1. 黄河中游局部地区土壤侵蚀依然严重，水土流失形势严峻

2019 年，黄河中游土壤侵蚀总量高，水土流失形势仍然严峻。黄河中游微度、轻度侵蚀面积占比为 61.88%，侵蚀量仅占 2.61% 左右；极强度与剧烈侵蚀的面积占 17.67%，但侵蚀量占比超过 43.47%。黄河中游 2000—2019 年土壤侵蚀量变化以稳定与减少趋势为主，占比分别为 18.58%、55.20%；然而，仍有 26.22% 的区域土壤侵蚀量呈增加趋势。尽管林草植被改善是近年最受关注的土壤侵蚀降低因素，但仍有部分高植被覆盖度区域土壤侵蚀量仍然较高，部分植被覆盖度呈增加趋势的区域，土壤侵蚀量也呈增加趋势的局面。这些区域主要集中分布于秦岭北部、甘肃北部的梁峁区与黄土塬地貌区、鄂尔多斯与乌海交界的基岩山地貌区（图 5-9），均属于黄土丘陵沟壑区，该类区域的特点为坡度较大、植被覆盖度较高。在植被覆盖度较高的情况下，土壤保持量和侵蚀量较高的主要原因是降水量增加、坡度较高、土壤质地松软等，随着降水量的增加，侵蚀强度也逐渐增大。由于植被覆盖度继续提高的潜力有限，这些区域的水土保持措施对强降雨防御能力尚且较弱，水土流失形势依然严峻。

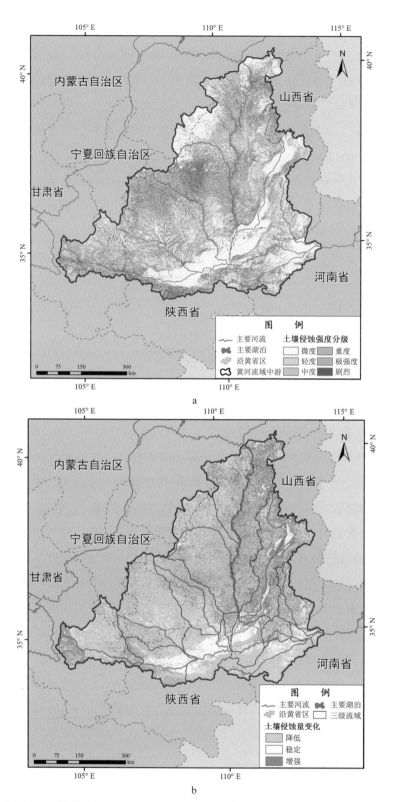

图 5-9　黄河中游土壤侵蚀强度分级（a）和土壤侵蚀量变化（b）空间分布（2000—2019 年）

专栏 5-3：黄土高原水土保持治理成效在黄河上游地区和中游地区存在
着明显的区域差异

2016 年，中国科学院以"黄河上游黄土高原水土流失综合治理"为题对陇西黄土高原典型流域祖厉河流域开展调研，结果表明，黄土高原水土保持治理成效在黄河上游和中游地区存在着明显的区域差异，位于黄河上游的陇西黄土高原，其水土流失治理的成效远逊于位于黄河中游的晋陕及陇东黄土高原（图 1）。以祖厉河流域为例，陇西黄土高原水土流失治理存在以下 3 个方面的问题：

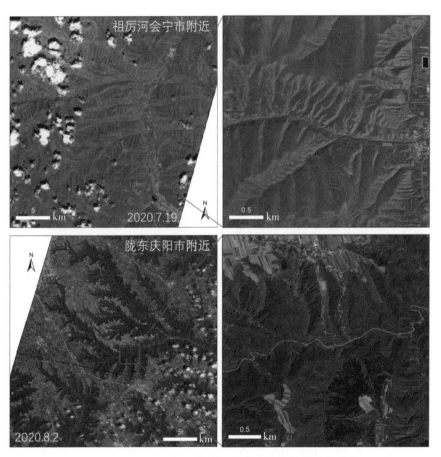

图 1　陇西（上）与陇东（下）黄土高原植被恢复差异

第一，违背自然规律，在干旱半干旱地区实施大规模的造林工程。祖厉河流域年平均降水量不足 300 mm，自然植被以半干旱草原和半荒漠灌草植被为主，仅沟谷底部和河滩地的土壤水分条件适宜乔木生长。但是，在祖厉河已经实施的，以及正在规划实施的生态治理和水土保持工程中，林木种植却占有过高的比例。

第二，水土保持治理和生态治理相关工作缺少统筹，国家和地方相关部门的工作碎片化导致资源利用效率低下。迄今为止，相关部门的项目均按照各部门分别制定的规划分项实施，如国家水土保持重点建设工程、天然林保护工程、退耕还林工程、退牧还草工程等，均分别制定规划，按照不同渠道下达，缺少对小流域综合治理的有效支持渠道，影响各类国家重点生态工程在小流域尺度上的相互协调配合和有效集成。

第三，水土流失治理和生态环境综合治理的科学支撑不足，影响了治理成效的提升。祖厉河流域的水土流失治理和生态治理工程主要由国家有关部门根据国家规划统筹安排，至今缺少一个科学性和针对性很强的综合治理规划。

因此，必须在下一阶段黄河流域水土流失治理规划中给予高度重视。一是尊重科学规律，遵循地带适宜性原则，典型草原和荒漠化草原地区不宜大规模种植乔木，应以恢复原生草地生态系统为主。二是加大黄河上游黄土高原水土流失治理与生态治理项目统筹协调，将黄河上游黄土高原作为一个整体纳入生态治理项目。三是加大科技支撑力度，深入研究黄河上游黄土高原生态退化和水土流失的机制、原真性生态系统本底状况问题。

2. 黄河来水来沙减少，影响黄河三角洲生态安全

黄河水沙资源是黄河三角洲生态系统形成和演替的根本动力，影响着黄河三角洲地貌、水文、土壤、植被的分异过程和演变过程。由于历史淤积而形成的特殊地形特征，黄河三角洲与主河槽、河滩地之间的区域水系不通，加之上游来水减少、生产生活用水量大，使得黄河三角洲湿地水资源相对不足（刘海红等，2018；李云龙等，2019；袁秀等，2020）。依据黄河花园口断面实测数据，年均径流量在20世纪50年代、70年代和90年代，分别为486亿 m^3、382亿 m^3 和257亿 m^3，2010年以来为287亿 m^3（图5-10）；年均输沙量在20世纪50年代、70年代和90年代，分别为15.61亿 t、12.36亿 t 和6.83亿 t，2010年以来为0.62亿 t（图5-11）。总体来看，黄河水沙动力及海洋动力之间的"博弈"过程发生改变，尽管得益于黄河2002年开始的调水调沙以及2008年开始的河口生态调度及生态补水，2000年后进入下游和河口的径流量趋于稳定，但长期来看，黄河三角洲的水沙输入量明显减少，致使整体由淤积向侵蚀方向发展，引起河口新生湿地蚀退、土壤盐碱化加速等一系列问题，对河口三角洲生态系统发育、演替和鸟类栖息地等造成影响。2000年之前，由于黄河携带泥沙的淤积，黄河三角洲湿地平均每年以2 000～3 000 hm^2 的

速度形成新的滨海陆地；2000 年之后，受黄河来水水沙量的限制，淤积速率逐年减小，有些近海滩区已经消失（图 5-12）。

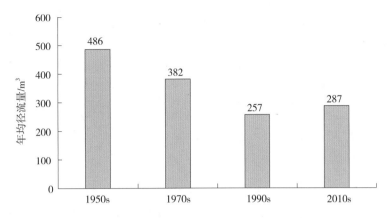

图 5-10 1950s—2010s 黄河花园口年均径流量变化

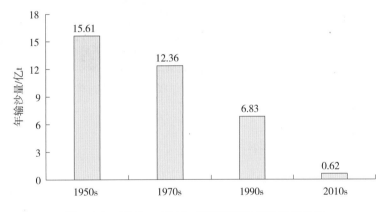

图 5-11 1950s—2010s 黄河花园口年输沙量变化

由于历史淤积而形成的特殊地形特征，黄河三角洲与主河槽、河滩地之间的区域水系不通，加之上游来水减少、生产生活用水量大，使得黄河三角洲湿地水资源相对不足，湿地生态需水缺口大，原生湿地生态系统受到威胁。山东省调查表明，黄河三角洲国家级自然保护区现有的 35 万亩芦苇湿地，最适宜生态补水量约为 3.5 亿 m^3/a，但是目前只能在黄河调水调沙期间进行生态补水且补水量不足 1 亿 m^3，存在约 2.5 亿 m^3 缺口，致使湿地生态系统受到严重威胁。

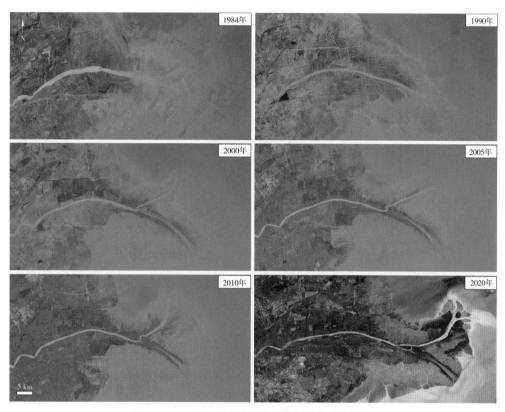

图 5-12　黄河三角洲演变过程真彩色遥感影像

（三）资源开发与利用方面

黄河流域的水资源、土地资源和矿产资源开发给生态系统造成了较大的压力，流域生态保护与发展矛盾依然突出。

1. 黄河流域水资源开发利用率高，供需矛盾突出

黄河水资源分布不均匀，空间差异明显。黄河流域水资源总量的空间分布极不均匀，水资源总量在空间上呈现由西向东递减的趋势。黄河流域地表水的空间分布与水资源总量的分布特征较一致，也表现出由西向东、上游至下游水量递减的趋势；而地下水的空间分布呈现上游高、下游次高、中游低的特征。地下水资源量比较丰富的地区主要是沿河地区，包括流域上游的青海，四川阿坝、甘孜；中游的陕西西安、宝鸡、商洛，内蒙古鄂尔多斯，山西吕梁、晋中、临汾、运城，以及河南洛阳、三门峡等；下游的洛阳、新乡、菏泽至济南、德州等地区。据《中国水资源公报 2018》，2018 年我国水资源总量为 27 462.5 亿 m^3，黄河流域 9 省区水资源总

量 5 900.4 亿 m³, 占全国水资源总量的 21.49%。从表 5-1 可以看出，黄河流域涉及的 9 省区水资源量表现出明显的差异性。作为三江源的青海，其水资源量占流域水资源量的 16.30%。

表 5-1 黄河流域涉及的各省区水资源量

省区	水资源量 / 亿 m³	占流域水资源量比例 /%	占全国水资源量比例 /%
青海	961.9	16.3	3.5
四川	2 952.6	50.04	10.75
甘肃	333.3	5.65	1.21
宁夏	14.7	0.25	0.05
内蒙古	461.5	7.82	1.68
陕西	371.4	6.29	1.35
山西	121.9	2.07	0.44
河南	339.8	5.76	1.24
山东	343.3	5.82	1.25
总计	5 900.4	100	21.49

资料来源：《中国统计年鉴 2019》。由于水资源量按省级行政区进行统计，故四川省水资源量在黄河流域涉及的 9 省区中占比较高。

黄河水资源消耗呈明显增加趋势，供需矛盾突出。通过收集黄河水利委员会发布的《黄河水资源公报》的统计资料，分析 2000—2017 年黄河流域耗水量变化状况。从图 5-13 可以看出，2000—2017 年整个黄河流域总耗水量和地表耗水量呈明显上升趋势，且变化较为一致，地下耗水量相对稳定。如图 5-13 所示，黄河流域耗水量以每年约 4.46 亿 m³ 的速度增加，而地表耗水量以每年约 5.07 亿 m³ 的速度上升。2000—2017 年，整个黄河流域总耗水量最大年份为 2015 年，达到了 432.05 亿 m³，总耗水量最小的年份为 2003 年，为 336.45 亿 m³，总耗水量最大变化幅度为 28.41%。从各省区的耗水量变化来看（表 5-2、表 5-3），黄河流域总耗水量呈明显上升趋势的省份为山东、河南和山西，内蒙古、宁夏和甘肃的总耗水量变化较为平缓，无明显趋势，青海耗水量呈现下降趋势。各省区地表耗水量变化趋势与总耗水量变化基本一致。黄河流域 9 个省区中，2017 年，总耗水量和地表耗水量排名前两位的是山东和内蒙古，两个省的总耗水量和地表耗水量占整个黄河流域总耗水量、地表耗水量的 40%、42%，山东总耗水量和地表耗水量超过青海、四川、甘肃、宁夏四省耗水量的总和。2017 年，总耗水量和地表耗水量最低的省份为四川和青海，两省耗水量仅占黄河流域耗水量的 2.7% 和 2.8%。总体来看，黄河流域耗水量与水资源分布不匹配问题明显存在，水资源形势严峻。

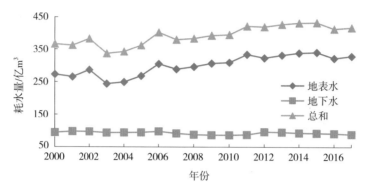

图 5-13　2000—2017 年黄河流域耗水量变化

表 5-2　黄河流域各省区地表耗水量　　　　　　　　　　　单位：亿 m³

年份	青海	四川	甘肃	宁夏	内蒙古	陕西	山西	河南	山东	总计
2000	13.24	0.23	27.37	37.76	59.46	21.78	9.94	31.47	63.92	272.32
2001	11.26	0.24	26.92	37	61.03	21.78	10.46	29.42	63.41	265.15
2002	11.69	0.25	26.12	35.74	59.18	21.11	10.43	36.01	80.32	286.05
2003	10.89	0.25	29.17	35.59	50.46	18.73	9.6	28.25	50.57	243.57
2004	10.62	0.26	29.33	37.67	56.39	20.91	10.07	26.07	49.57	248.97
2005	10.77	0.24	29.21	42.08	62.2	23.6	11.81	29.32	57.3	267.86
2006	13.57	0.19	30.05	39.02	60.94	26.84	12.9	37.77	80.46	304.74
2007	13.33	0.19	30.44	39.44	59.7	24.97	13.58	33.64	71.59	288.78
2008	12.11	0.22	30.11	38.96	57.08	26.8	14.47	39.43	69.66	296.14
2009	11.04	0.24	29.91	37.98	61.34	25.58	15.08	43.36	73.36	306.55
2010	10.51	0.24	30.32	35.47	61.29	24.42	18.17	44.1	74.49	309.16
2011	10.53	0.23	33.23	37.01	61.5	26.6	20.54	51.95	78.87	334.06
2012	9.02	0.25	31.88	37.55	53.94	27.72	20.66	53.86	81.62	323.3
2013	9.44	0.33	30.89	38.85	62.75	29.5	22.08	53.23	81.33	331.87
2014	9.32	0.31	29.93	38.8	62	29.48	23.23	46.77	92.46	338.69
2015	9.47	0.31	29.2	38.93	58.03	29.7	26.56	44.31	98.64	340.34
2016	9.45	0.23	29.74	36.21	55.2	29.27	28.79	43.21	86.44	322.25
2017	9.31	0.2	30.32	37.15	54.37	31.38	28.93	49.72	85.18	328.86

资料来源：《黄河水资源公报》。

表 5-3　黄河流域各省区总耗水量　　　　　　　　单位：亿 m³

年份	青海	四川	甘肃	宁夏	内蒙古	陕西	山西	河南	山东	总计
2000	14.19	0.24	32.02	40.32	77.59	44.05	27.93	48.49	73.91	365.89
2001	12.11	0.25	31.95	40.31	79.85	42.69	29.31	48.04	73.65	361.79
2002	13	0.26	31.08	38.77	78.34	41.93	29.45	54.38	89.82	382.23
2003	12.27	0.25	33.84	39.06	69.48	37.46	28.33	47.68	58.02	336.45
2004	12.53	0.27	34.1	40.46	75.91	40.44	28.52	45.28	56.71	342.3
2005	12.48	0.27	33.44	44.64	82.58	43.43	30.41	48.76	64.41	361.75
2006	15.41	0.22	34.34	41.39	80.6	47.83	32.94	57.78	88.22	401.73
2007	14.48	0.22	35.04	42.03	79.58	45.19	32.76	50.25	78.33	379.78
2008	13.82	0.24	34.46	41.76	75.24	46.95	33.18	54.22	76.37	383.54
2009	12.54	0.25	33.91	40.76	81.03	45.21	32.19	57.77	80.25	392.57
2010	12.07	0.25	34.3	38.49	80.96	43.93	35.25	58.18	81.28	394.86
2011	12.15	0.24	37.21	40.27	83.14	45.37	39.03	65.3	84.96	421.27
2012	10.09	0.26	36.55	41.31	76.51	49.53	39.42	70.75	87.9	419.12
2013	10.56	0.36	34.7	42.67	85.45	51.3	40.6	70.45	87.19	426.75
2014	10.5	0.33	33.97	42.55	83.67	51.14	40.89	63.26	98.37	431.07
2015	10.78	0.34	33.26	42.5	79.34	51.63	43.47	60.93	104.61	432.05
2016	11.24	0.24	33.43	39.85	76.23	51.1	44.65	60.46	91.99	412.9
2017	11.17	0.21	33.78	40.95	74.97	52.68	44.79	65.32	90.92	417.09

资料来源：《黄河水资源公报》。

　　黄河水资源利用结构不合理，水环境形势严峻。从用水结构的变化特征来看（表 5-4），农田灌溉、工业、城镇公共、居民生活和生态环境用水量均在增加，农田灌溉、林牧渔畜、工业等产业用水比例下降，城镇公共、居民生活和生态环境用水比例增加。由表 5-4 可知，2003—2019 年，农业用水比例下降了 6.09 个百分点，工业用水比例下降了 1.46 个百分点，城镇公共用水比例增加 2.09 个百分点，居民生活用水比例增加了 2.02 个百分点，生态环境用水比例增加了 7.39 个百分点。

　　黄河流域 9 省区水资源利用表现出明显的区域差异性。从 2019 年农田灌溉用水量来看，山东和内蒙古均超过了 50 亿 m³，分别为 73.58 亿 m³ 和 53.20 亿 m³，这两个省区占全流域农业灌溉用水量的一半。从农业用水量所占本省区总用水量的比例来看，内蒙古、山东、宁夏、河南、山西、青海这 6 个省区农业灌溉耗水量占本省区总耗水量的比例超过了 50%（表 5-5）。

表5-4 2003—2019年黄河流域用水结构变化情况

年份	用水总量/亿m³	农田灌溉		林牧渔畜		工业		城镇公共		居民生活		生态环境	
		用水量/亿m³	比例/%	用水量/亿m³	比例/%	用水量/亿m³	比例/%	用水量/亿m³	比例/%	用水量/亿m³	比例/%	用水量/亿m³	比例/%
2003	243.57	179.99	73.90	17.59	7.22	26.24	10.77	3.46	0	9.78	4.02	6.51	2.67
2004	248.97	185.49	74.50	18.88	7.58	24.25	9.74	3.75	1.51	9.95	4	6.65	2.67
2005	267.86	210.31	78.51	16.78	6.26	24.53	9.16	4.76	1.78	8.76	3.27	2.72	1.02
2006	304.74	233.56	76.64	21.07	6.91	26.59	8.73	5.34	1.75	11.39	3.74	6.79	2.23
2007	288.78	219.44	75.99	21.45	7.43	26.88	9.31	4.74	1.64	9.84	3.41	6.43	2.23
2008	296.14	220.47	74.45	19	6.42	29.14	9.84	4.68	1.58	11.36	3.84	11.49	3.88
2009	306.55	227.97	74.37	17.09	5.57	32.3	10.54	3.44	1.12	12.09	3.94	13.66	4.46
2010	309.16	228.65	73.96	15.47	5	34.22	11.07	4.52	1.46	14.45	4.67	11.85	3.83
2011	334.06	243.67	72.94	18.37	5.50	38.57	11.55	5.28	1.58	15.65	4.68	12.52	3.75
2012	323.3	236.25	73.07	15.48	4.79	35.79	11.07	5.18	1.60	14.49	4.48	16.11	4.98
2013	331.87	242.55	73.09	18.63	5.61	34.24	10.32	6.18	1.86	15.03	4.53	15.24	4.59
2014	338.69	243.93	72.02	19.8	5.85	35.22	10.40	6.98	2.06	15.32	4.52	17.44	5.15
2015	340.34	246.55	72.44	20.17	5.93	34.97	10.28	6.95	2.04	15.76	4.63	15.94	4.68
2016	322.25	231.37	71.80	17.77	5.51	35.49	11.01	6.79	2.11	15.2	4.72	15.63	4.85
2017	328.86	228.4	69.45	18.06	5.49	36.4	11.07	7.13	2.17	16.36	4.97	22.51	6.84
2018	328.68	219.71	66.85	19.2	5.84	36.19	11.01	7.16	2.18	20.53	6.25	20.53	6.25
2019	370.7	251.39	67.81	17.38	4.69	34.52	9.31	7.75	2.09	22.38	6.04	37.28	10.06

资料来源:《黄河水资源公报》。

表 5-5　2019 年黄河流域各省区用水结构状况

省区	合计	农田灌溉		林牧渔畜		工业		城镇公共		居民生活		生态环境	
		用水量/亿m³	比例/%	用水量/亿m³	比例/%	用水量/亿m³	比例/%	用水量/亿m³	比例/%	用水量/亿m³	比例/%	用水量/亿m³	比例/%
青海	9.60	4.85	50.52	2.17	22.60	0.21	2.19	0.34	3.54	1.07	11.15	0.96	10.00
四川	0.20	0.01	5.00	0.13	65.00	0.01	5.00	0.01	5.00	0.04	20.00	0	0
甘肃	30.43	17.47	57.41	114.00	374.63	3.42	11.24	2.08	6.84	3.01	9.89	2.31	7.59
宁夏	40.14	29.51	73.52	4.73	11.78	2.35	5.85	0.24	0.60	0.54	1.35	2.77	6.90
内蒙古	62.80	53.20	84.71	1.54	2.45	3.41	5.43	0.31	0.49	1.28	2.04	3.06	4.87
陕西	30.92	14.62	47.28	2.71	8.76	3.92	12.68	1.62	5.24	3.64	11.77	4.41	14.26
山西	32.44	17.38	53.58	0.88	2.71	4.75	14.64	0.91	2.81	2.80	8.63	5.72	17.63
河南	53.34	35.77	67.06	1.40	2.62	6.21	11.64	1.23	2.31	3.62	6.79	5.11	9.58
山东	97.21	73.58	75.69	1.44	1.48	8.72	8.97	1.01	1.04	6.38	6.56	6.08	6.25
全流域	370.70	251.39	67.81	17.38	4.69	34.52	9.31	7.75	2.09	22.38	6.04	37.28	10.06

资料来源:《黄河水资源公报》。

随着经济社会的发展，来自工业企业、农业以及居民生活的污水也给黄河水环境的污染带来较大压力。《2018 中国生态环境状况公报》显示，黄河流域 137 个水质断面中，Ⅰ类断面占 2.9%，Ⅱ类断面占 45.3%，Ⅲ类断面占 18.2%，Ⅳ类断面占 17.5%，Ⅴ类断面占 3.6%，劣Ⅴ类断面占 12.4%。总体而言，黄河流域水质属于轻度污染，主要污染指标为氨氮、化学需氧量和五日生化需氧量。对主要支流而言，在 106 个监测断面中，Ⅴ类断面占 4.7%，劣Ⅴ类断面占 16.0%。

黄河流域水资源分布不均衡、水资源利用结构不合理、水资源供需矛盾突出、水污染等都是限制黄河流域高质量发展的"瓶颈"问题，为实现流域水资源的可持续利用，应尽可能保障水量、保护水质、提高水效。

水资源开发利用率高，超过开发生态警戒线。据《黄河水资源公报》，以黄河流域 9 省区为整体，2017 年，黄河流域地表水开发利用率高达 71.60%，远超过国际公认的 40% 的水资源开发生态警戒线，与国内外大江大河相比，水资源利用程度属较高水平。从不同省份来看，2017 年，青海、四川和陕西的水资源利用率分别为 3.27%、10.80% 和 20.22%，低于国际上公认的 30% 的地表水合理开发利用程度；甘肃、河南、山西、内蒙古 4 省区的水资源利用率分别为 46.97%、54.03%、54.30% 和 59.54%，均低于 70% 的开发利用水平；而山东的水资源利用率为 89.01%，已面临水资源严重短缺和生态恶化等问题；宁夏水资源利用率远超过 100%，为极限利用区，需要通过超采地下水或从黄河引水来满足用水需求。据 2018 年《宁夏水资源公报》，黄河水占地区总供水量的 88.05%，同时全区用水管理较为粗放，用水效率较低，导致全区大部分地区都面临着非常高的供水压力。

2. 部分区域矿产资源开发仍呈增加趋势，生态破坏现象仍有发生

黄河流域矿产资源丰富，被誉为全国"能源流域"。黄河流域流经的地区矿产资源丰富，成矿条件多样，上游地区的水能资源、中游地区的煤炭资源、下游地区的石油和天然气资源，都十分丰富，在全国占有极其重要的地位，被誉为全国的"能源流域"。根据《黄河流域综合规划（2012—2030 年）》，黄河流域煤炭保有储量 5 500 亿 t，占全国的 50%，主要分布在内蒙古、山西、陕西、宁夏 4 省区（图 5-14）。

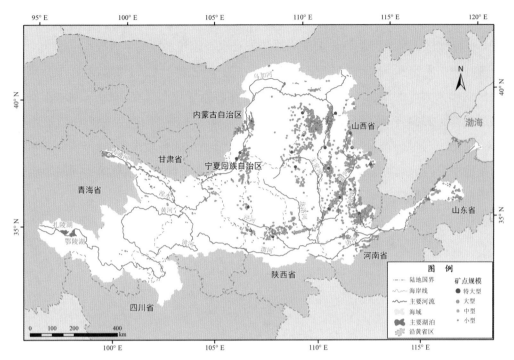

图 5-14　黄河流域主要煤矿空间分布

　　青海位于黄河上游，生态区位非常重要，2000—2019 年，矿产资源开发仍呈增加趋势，给区域生态系统造成较大压力。青海自然资源丰富，是矿产大省，同时位于流域上游，生态区域非常重要。根据青海自然资源厅年度矿产资源开发利用情况通报，对西宁市、果洛藏族自治州、黄南藏族自治州、海南藏族自治州、海东地区 5 个地级市的矿产资源开发情况进行了统计（图 5-15），结果表明，2000—2019 年，矿产资源开发总量约 2.54 亿 t，矿产资源产量整体波动性较强。其中，2011 年以来，果洛藏族自治州和海南藏族自治州矿产资源开发规模总体呈下降态势，海东市的资源产量 2008 年之后增长速度较快。

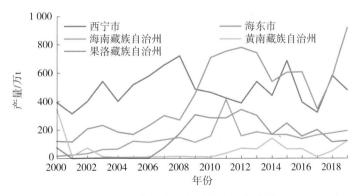

图 5-15　青海省 5 市矿产资源年产量

内蒙古、陕西、山西、宁夏4个省区原煤产量增加趋势明显，目前总体趋于稳定，部分地区仍呈上升趋势，煤炭资源开采对水资源和水环境均造成一定影响。内蒙古呼和浩特市和乌海市20年来原煤产量一直呈现稳定状态，鄂尔多斯市原煤产量呈现较为大幅的增长（图5-16）；陕西榆林市原煤年产量在2000—2004年呈现稳定趋势，2004年后一直呈现大幅增长趋势（图5-17）；山西太原市和运城市在2000—2019年原煤产量呈稳定态势，临汾市、忻州市和晋城市在20年间原煤年产量呈稳中有升的趋势（图5-18）。煤炭资源开采需要消耗大量水资源，同时也会对水质造成一定影响。

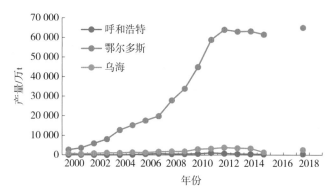

图 5-16　2000—2019 年内蒙古 3 市原煤年产量

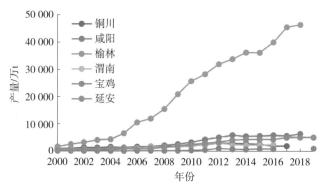

图 5-17　2000—2019 年陕西 6 市原煤年产量

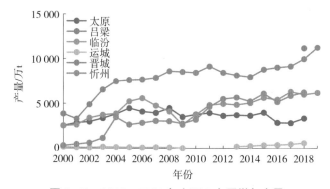

图 5-18　2000—2019 年山西 6 市原煤年产量

基于高分辨率卫星遥感影像，对黄河流域典型疑似生态破坏问题遥感监测的结果表明，在 145 个疑似问题清单中，矿产资源开发类型有 76 个，占比达 52.4%。总体上看，山西、陕西、内蒙古、宁夏、甘肃这些省区矿产资源开发对生态环境本底的胁迫程度较高。其中，鄂尔多斯、晋北、榆林这 3.3 万 km² 的范围内，是黄河流域水土流失最严重的地区，同时也是我国煤炭基地的主产区，且多以露天开采为主，地表植被覆盖的破坏，将进一步加剧地区水资源的蒸发和地表的水土流失；此外煤矿开发的疏干水还将对地表水造成污染，加剧该地区的水资源胁迫性。这些矿区能矿资源的无序开发很容易造成地区生态平衡的破坏，对生态服务功能造成较为严重的影响（马丽，2020）。

 专栏 5-4：矿产资源开发造成生态破坏典型案例

山西省忻州市河曲县矿产资源露天堆放破坏自然植被

2006 年该点所在区域为自然植被及工业用地，2013 年起，存在疑似煤炭相关企业露天堆放，未采取密闭或有效防尘措施，至 2019 年 9 月堆放面积逐步扩大（图 1）。

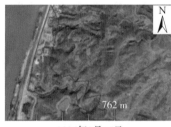 

2006年9月15日　　　　　　　2019年9月4日

图 1　2006 年与 2019 年对比

3. 水体人工化趋势明显，部分景观水体造成水资源浪费

黄河流域 2000—2019 年新增加水体中一半以上为人工水体，比例较高。通过 2000 年、2019 年两期影像对比分析，对黄河流域范围内新增加的水体（面积超过 0.3 km² 以上的非河流水体）进行解译。结果表明：从数量上看，2019 年，遥感监测发现新增加水体 537 处。其中，自然水体 255 处，人工水体（水库、盐场、人工湖、水产养殖）282 处，人工水体数量占比超过一半。从面积上看，2019 年，遥感监测发现新增加水域面积为 870.7 km²。其中，人工水体（如水库、盐场、人工湖、水产养殖等）面积为 327.6 km²，占比为 37.62%。

人工水体主要分布在中上游，以人工湖和水库为主。上游地区人工水体 138 处，面积为 146.27 km²，占整个黄河流域增加人工水体面积的 44.65%；中游地区人工水体为 122 处，面积为 160.18 km²，占整个流域增加人工水体面积比例为 48.89%；下游地区人工水体 22 处，面积为 21.15 km²，占整个流域增加人工水体面积比例为 6.46%。从类型来看，2019 年，遥感监测发现新增加的水库型人工水体面积最大，约为 168.5 km²，占整个流域新增加的人工水体面积的 51.44%。增加水库面积最大省份为河南；其次为人工湖，增加面积约为 122.6 km²，占整个流域增加的人工水体的 37.44%，增加面积较大的省区为宁夏和内蒙古。从不同省区来看，宁夏和内蒙古新增加人工湖数量较多，分别为 47 处、40 处，陕西、河南和内蒙古新增加水库数量较多，分别为 28 处、15 处和 15 处。

表 5-6　人工水体增加点位数量分省区统计　　　　　单位：个

类型	青海	四川	甘肃	宁夏	内蒙古	陕西	山西	河南	山东	总数
水库	13	0	1	12	15	28	8	15	9	101
盐场	0	0	0	0	3	0	0	0	0	3
人工湖	0	0	1	47	40	12	4	30	4	138
水产养殖	0	0	0	8	12	5	9	0	6	40
合计	13	0	2	67	70	45	21	45	19	282

表 5-7　人工水体增加面积分省区统计　　　　　单位：km²

类型	青海	四川	甘肃	宁夏	内蒙古	陕西	山西	河南	山东	总面积
水库	29.05	0	0.37	11.18	14.52	28.97	23.25	54.12	7.08	168.54
盐场	0	0	0	0	3.67	0	0	0	0	3.67
人工湖	0	0	0.33	44.68	43.08	6.17	1.96	19.25	7.21	122.68
水产养殖	0	0	0	6.23	6.47	4.89	10.07	0	5.05	32.71
合计	29.05	0	0.7	62.09	67.74	40.03	35.28	73.37	19.34	327.60

人工水体增加影响了原有自然河流和自然湿地的生态功能，部分景观水体造成水资源浪费。黄河流域人工水体面积较高，中游地区水库增加迅速，部分水库截断河流，造成河流断流干涸、部分湖泊萎缩。如红碱淖湿地和桃力庙—阿拉善湾海子面积萎缩的原因之一就是补给水源被截断。黄河流域中下游城镇的人工湖面积增加，在一定程度上造成水资源浪费，加剧了局部区域水资源紧张。黄河下游地区人工库塘面积扩张，在一定程度上破坏了湿地生态系统的完整性，使得物种生境破碎化加剧，威胁着重要物种栖息地。

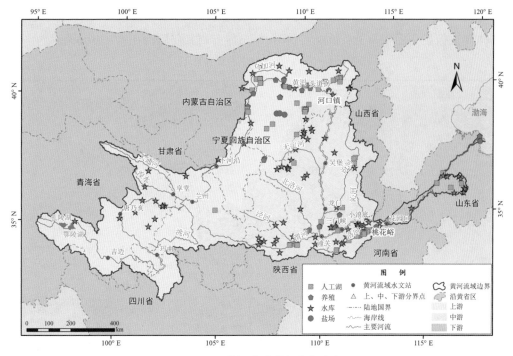

图 5-19　黄河流域增加水体分布

（四）城镇化扩张方面

黄土高原是"人—地"关系矛盾突出的生态环境脆弱区，对生境胁迫尤为强烈（周亮，2020）。一方面，挤占生态系统空间格局，破坏地表植被；另一方面，影响生态环境质量，降低生态系统服务功能。因此，城镇扩张与生态环境的协调发展成为重要问题，通过对黄河流域的城镇扩张的变化监测可以看出：

2000—2018 年，黄河流域城镇扩张明显，主要集中分布在中游，速度不断加快。根据遥感监测结果，黄河流域城镇扩张总面积为 2 747.73 km²，其中，2000—2010 年和 2010—2018 年两个时间段内，分别扩张 1 025.87 km²、1 721.86 km²，2010—2018 年城镇扩张规模显著高于 2000—2010 年。从区域分布来看，城镇扩张主要集中在黄河流域中游，尤其是陕西和山西两省。山西的城镇扩张面积最大，为 671.48 km²；其次为陕西，城镇扩张面积为 525.90 km²。据《中国城市建设统计年鉴》数据，截至 2019 年，以黄河流域涉及的地级市为统计单元，山西和陕西建成区面积分别为 977.5 km² 和 1 235.1 km²（表 5-8）。从上、中、下游分区来看，城镇侵占主要集中于中游，高于上游和下游扩张面积的总和。其中，中游 2000—2010 年城镇扩张 436.56 km²，2010—2018 年城镇扩张面积为 1 064.13 km²；上游 2000—2010 年城镇扩张面积为 236.02 km², 2010—2018 年城镇扩张面积为 527.77 km²; 下游 2000—2010 年城镇扩张面积为 353.29 km², 2010—2018 年城镇扩张面积为 129.96 km²。

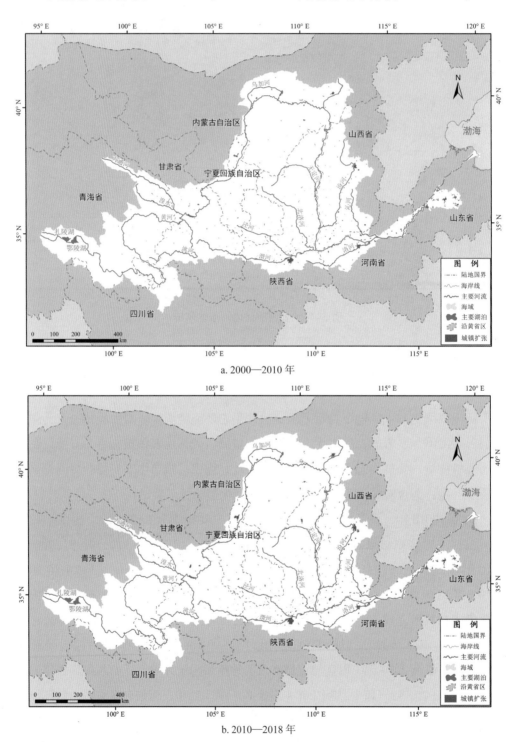

a. 2000—2010 年

b. 2010—2018 年

图 5-20　黄河流域城镇用地扩张分布

表 5-8　黄河流域涉及城市分省区建成区面积（2019 年）　　　　　单位：km^2

省区	建成区面积*	未统计地区**
山东	2 539	—
河南	1 780	—
陕西	1 235.1	—
山西	977.5	—
内蒙古	836.5	—
甘肃	650.8	甘南藏族自治州
宁夏	424.4	—
青海	131.8	果洛藏族自治州、海北藏族自治州、海南藏族自治州、海西蒙古族藏族自治州、黄南藏族自治州、玉树藏族自治州
四川	0	阿坝藏族羌族自治州、甘孜藏族自治州

注：* 数据源自住房和城乡建设部《2019 年城乡建设统计年鉴》。
　　** 未统计地区多为年鉴中未涉及的自治州类。

2000—2018 年，黄河流域城镇扩张挤占大量生态空间。2000—2018 年，城镇扩张挤占水域、草地和林地面积分别为 305.33 km^2、287.03 km^2、158.01 km^2。人类对于生产、生活空间的需求逐渐扩大，而维持区域生态功能空间的需求被忽略，使得区域生态空间过度占用和生态退化问题趋于加剧。因此，亟须寻找一种新的模式来调控城镇扩张。

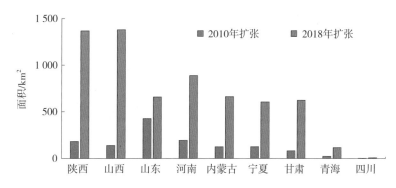

图 5-21　2010 年、2018 年各省区城镇扩张面积

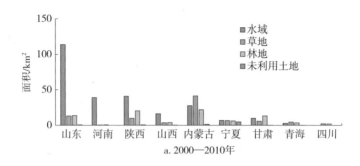

a. 2000—2010年

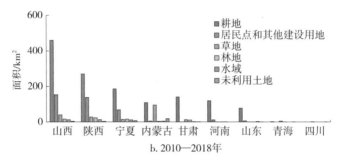

b. 2010—2018年

图 5-22　黄河流域城镇用地侵占土地利用类型

 专栏 5-5：城镇扩张挤占生态空间

　　下图显示区域为西安市灞桥区，2009 年为自然草地，2018 年已扩建成人类居住区，挤占大面积生态空间，并且还有部分区域覆盖防尘网，有继续扩张的趋势（图 1）。

2009年9月12日　　　　　　　　2018年6月12日

图 1　2009 年与 2018 年对比

六
基本结论和对策建议

（一）基本结论

2000—2019 年，黄河流域生态质量总体改善，生态系统服务功能持续向好，局部地区生态保护和恢复成效明显。但受产业结构、能源结构和城镇扩张等影响，生态环境形势依然严峻，生态改善成效还不稳固，保护与发展的矛盾依然突出。

1.黄河上游地区生态状况及其变化情况

黄河上游植被覆盖度较低，均值为 27.38%，2000—2019 年以 0.39%/a 的速度增长，低于中下游，对黄河流域植被覆盖度增加的贡献为 29.97%。上游地区水体面积约为 4 572.94 km²，占黄河流域水体总面积的 68.31%；上游水体增加面积为 1 501.93 km²，增幅为 40.38%，占整个流域水体增加面积的 60.64%；从省域上看，青海省境内水体面积增加最多，增加了 619.80 km²。水源涵养功能是黄河上游的主导生态系统服务功能，黄河上游 2019 年的水源涵养量约为 472.30 亿 m³，占整个黄河流域水源涵养总量的 56.79%，单位面积平均水源涵养量为 11.04 万 m³/km²，空间上呈现由西南部向东北逐渐降低的特征，且生态保护红线、国家自然保护区、重点生态功能区等生态保护管控区内单位面积水源涵养量均高于非管控区。2000—2019 年，黄河上游水源涵养量整体呈现先减后增的波动变化，尤其是 2015—2019 年增幅明显，增加区域主要集中在青海果洛藏族自治州南部和黄南藏族自治州、甘肃甘南藏族自治州和兰州市、四川阿坝藏族羌族自治州等区域。

2.黄河中游地区生态状况及其变化情况

黄河中游平均植被覆盖度为 46.05%，2000—2019 年以 0.93%/a 的速度增长，增速最快，对黄河流域植被覆盖度增加的贡献也最大，为 66.38%。中游地区水体面积约为 1 424.30 km²，占黄河流域水体总面积的 21.28%；中游水体增加面积为 745.00 km²，增幅为 91.7%，占整个流域水体增加面积的 30.08%；从省域上看，山西境内黄河流域水体面积增幅最大，增加 108.28%。土壤保持功能是黄河中游的主导生态系统服务功能，黄河中游 2019 年的单位面积土壤保持量为 1.42 万 t/km²，总体土壤保持量是土壤侵蚀量的 1.89 倍；黄河中游生态保护管控区内土壤保持能力高于非管控区。2000—2019 年，黄河中游地区土壤保持量平均增速为 0.41 万 t/km²，土壤保持功能整体增强；土壤保持量增加的区域主要分布在潼关以北的黄河支流流域。

3.黄河下游地区生态状况及其变化情况

黄河下游植被覆盖度最高，均值为 56.99%，2000—2019 年以 0.91%/a 的速度增长，下游地区水体面积约为 696.35 km^2，占黄河流域水体总面积的 10.40%；下游水体增加面积为 229.75 km^2，增幅达 43.93%，占整个流域水体增加面积的 9.28%。生物多样性维持功能是黄河下游三角洲地区的主导生态系统服务功能，促进河流生态系统健康、提高该地区生物多样性是黄河流域生态保护和高质量发展的主要目标任务。虽然黄河三角洲植被覆盖度和陆域水体面积呈逐渐增长趋势，但是自然湿地面积不断收缩，1999—2017 年共减少 732.44 km^2，生境质量呈下降趋势，生物多样性保护热点区域呈逐渐缩小趋势。同时，自然保护区水鸟数量的增加，也一定程度上反映了开展滨海湿地保护和修复工程对提高生物多样性的积极推动作用。

4. 黄河流域生态质量总体改善，生态保护和恢复措施明显

2000 年以来，黄河流域超过 80% 的区域植被覆盖度大幅提升，植被覆盖增加向西扩张，流域整体"变绿"；水体面积也呈现总体增加态势，面积总增幅达 48.99%，相当于增加了半个青海湖。流域生态质量总体改善，一方面与黄河流域暖湿化气候有关，另一方面受益于"三北"防护林体系、退耕还林、天然林保护等造林工程建设，也是植被覆盖度增加的重要原因。从对生态保护管控区与非管控区的对比分析也能看出，保护恢复的效果明显，生态保护红线、重点生态功能区内的植被覆盖度较高，且稳定性较好，均优于流域的平均水平。此外，随着水体面积与径流的持续增加，流域水环境改善明显。

5. 黄河流域主导生态系统服务功能持续向好，生态退化趋势得到基本遏制

2000—2019 年，黄河上游的水源涵养量增加了 9.56%，特别是 2015—2019 年，约 42.74% 的区域水源涵养能力呈增加趋势，水源涵养量增加了近 1.6 倍，尤其是生态保护管控区的水源涵养量增加趋势明显，其中，三江源自然保护区的水源涵养增幅较大，若尔盖草原湿地生态功能区、甘南黄河重要水源补给生态功能区、三江源草原草甸湿地生态功能区的水源涵养能力显著提升，四川、甘肃、青海境内生态保护红线单位面积水源涵养量得到提升，管控成效明显。黄河中游的土壤保持量呈增加趋势，土壤侵蚀量呈减少趋势，流域土壤保持功能整体增强，水土流失情况有所缓解。黄河上游草地长势也以增加为主，长势增加面积超过 80%，尤其是 2010 年之后，草地退化趋势得到基本遏制，逐渐向全面恢复转变。

6. 黄河流域生态环境脆弱，局部地区生态问题依然突出

流域整体生态环境较脆弱，气候变化背景下水资源短缺和生态环境风险增加。黄河流域植被覆盖、水体空间整体分布不均衡，荒漠化和沙化土地分布集中，水资源总量较低但开发利用程度高，脆弱生态系统类型多，整体生态环境较脆弱。以冰川生态系统为典型，其变化对气候变化异常敏感，2000—2019 年，黄河源阿尼玛

卿山冰川面积减少了 21.5 km²，冰量损失超 9.8 亿 m³。长期来看，冰川消融未来可能会造成流域面临水资源断崖式减少的局面，导致区域水资源短缺和生态环境风险增加。

流域总体生态状况改善趋势下，局部地区典型生态问题仍然突出。黄河流域整体上生态系统质量和服务功能都有所改善，但随着社会经济快速发展，流域生态环境承受越来越大的压力，局部地区典型生态问题仍然突出，如超载、人工水体面积激增、水土流失依然严重、生态空间被挤占等。具体包括：

（1）黄河上游部分牧区、半牧区畜牧长期超载，草地仍有一定程度的退化。2015—2019 年长势差的草地面积较 2010—2014 年增加了 5.5%，青海曲麻莱县、青海互助土族自治县、甘肃夏河县长势差的草地面积均有大幅增加。

（2）黄河中下游人工水体迅速增加。2019 年，遥感监测发现新增人工水体（如水库、盐场、人工湖、水产养殖等）327.6 km²，占总新增水域面积的 37.62%。人工水体的增加影响了原有自然河流和自然湿地的生态功能，一定程度上破坏了湿地生态系统的完整性，使得物种生境破碎化加剧，威胁着重要物种栖息地，部分景观水体还造成水资源的浪费。

（3）黄河中游水土流失依然严重。微度、轻度侵蚀面积占比为 61.88%，侵蚀量仅占 2.61% 左右；极强度与剧烈侵蚀的面积仅占 17.67%，但侵蚀量占比为 43.47%。2000—2019 年，土壤侵蚀量以减少为主，占比 55.20%；然而，仍有 26.22% 的区域土壤侵蚀量呈增加趋势。

（4）矿场资源开采、产业发展、城镇化扩张等对生态空间的破坏和对水资源的消耗日益增加，供需矛盾突出。2000—2018 年，黄河流域城镇总面积扩张了 3 413.53 km²，主要集中在黄河中游，挤占了大量生态空间；据 2000—2017 年水资源统计数据，黄河流域耗水量以每年约 4.46 亿 m³ 的速度增加，山东、河南、山西的耗水量增加最多；总体来看，青海的矿产资源开发和内蒙古、陕西、山西、宁夏 4 省区的煤炭资源开采增加趋势明显。这些现象均给区域生态系统造成较大压力，也加剧了地区水资源的胁迫性。

（二）生态保护对策建议

党的十八大将生态文明建设纳入中国特色社会主义事业"五位一体"总体布局，党中央、国务院作出一系列战略部署，生态文明建设取得积极成效。总体来看，黄河流域生态状况总体向好，但局部地区仍不容乐观。部分省区在快速推进工业化和城镇化过程中，城市扩张规模较大，生态空间被大量挤占，自然生态系统质量偏低和持续退化等问题未发生根本性改变，生态保护和修复任务依然艰巨。在管理目标方面，单纯追求生态系统规模数量的观念还没有完全得到转变，导致生态系统质量和区域整体生态系统服务功能提升成效不明显，局部地区仍有下降趋势。在体制机制方面，分割管理和职能交叉问题同时存在，部门之间协同保护和统一监管力度不够，跨区域、跨部门的统筹联动机制不够完善，多元化市场化的生态保护补偿机制等奖励性政策不够完善，与生态系统整体性保护监管的要求还存在一定的差距。

为从根本上解决黄河流域面临的自然生态保护与经济社会发展之间存在的结构性矛盾问题，中央于 2019 年提出推进黄河流域生态保护和高质量发展，并同京津冀协同发展、长江经济带发展、粤港澳大湾区建设、长三角一体化发展一样，上升为重大国家战略。因此，基于对黄河流域生态系统质量和服务功能的评估结果，针对黄河流域生态状况评估中发现的问题，以"节水、控污、增容、调水沙、重保护、强生态"为原则，建议从以下 4 个方面不断提升黄河流域生态保护成效，促进高质量发展：

1. 持续加强黄河流域生态保护，科学引导生态恢复和修复工程实施

黄河流域整体"变绿"，植被恢复成效明显，但由于地形地貌、气候、生态工程养护及政策实施等的差异，导致不同区域的保护成效差异显著。建议充分考虑上、中、下游的不同特点，实施分区分类的生态保护修复，加强对生态工程实施的技术指导，特别在生态敏感区、生态系统过渡带避免修复性破坏。

在上游及源头地区，以生态保护为主，保护了生态就是保护了水。要坚持"保护优先，自然恢复为主"的生态保护思路，对该区的生态恢复应重点放在水资源的充分利用和土地利用方式的改进上，根据水资源和生态系统空间格局特征，提出合理的管控和治理措施。继续加大退牧还草、退耕还林还湿力度，扩大生态空间范围，降低超载草原载畜量，科学实施草地保护措施，加强自然保护地体系建设，从国家和区域层面完善生态补偿政策，支持在生态功能区把发展重点放到保护生态环境、提高生态产品上，引导生态功能区产业、人口逐步有序转移。

在中游地区重点开展水土流失治理，科学合理利用水资源，遵循地带适宜性原则，坚持"宜林则林，宜草则草，宜荒则荒"，采取自然恢复与人工抚育相结合的方式，黄土高原植被恢复应综合考虑区域的产水、耗水和用水的综合需求，重视"侵蚀、产沙、输沙"各环节控制措施的创新，进一步加大封山禁牧、轮封地轮牧和封育保护政策执行力度，持续推进坡耕地综合整治、黄土高原塬面保护、病险淤

地坝除险加固等国家水土保持重点工程实施。同时，深入研究流域生态退化和水土流失的机制、水土保持治理对黄河水沙关系的影响等，加强对未来水土流失预测的前瞻性研究和科技积累。

在下游地区，与水共生共荣，扩大和恢复生态空间，以黄河三角洲湿地生态系统修复为重点工作，加大河口三角洲自然湿地保护和恢复；采取水量调度与生态流量过程优化管理等措施，促进河口生态系统修复；实施以入侵物种治理和原生物种恢复为主要内容的潮间带生态恢复；开展退耕还湿、退养还滩、河岸带生态保护与修复，稳定自然岸线，促进河流生态系统健康，提高生物多样性。

同时，针对水体人工化的增长趋势，加强对流域上游、中游、下游地区的水资源和水环境调控及对策研究。在河源区加大扎陵湖、鄂陵湖生态保护力度，维护河湖生态空间和水源调节功能；上中游地区减少水电开发强度，保障河湖生态需水、维护河流廊道功能，遏止因水库建设、水电开发造成的河湖萎缩；河口三角洲地区实施湿地生态补水，避免人工造湖，水体和湿地修复中避免湖泊"坑塘化"、河流"渠道化"，减轻现有人工库塘的不利生态环境影响。

2. 合理布局生态保护空间，不断提升不同区域生态系统服务功能

黄河上游水源涵养、中游土壤保持服务功能总体向好，但仍存在一些脆弱区域，生态改善的成效还不稳固，特别是在除自然保护区、重点生态功能区以外的非管控区，生态系统服务功能较管控区存在明显的差距。因此，一方面要维持管控区域的成果优势，不断提升生态系统服务功能；另一方面要通过政策和工程引导，逐步提升非管控区域的核心生态服务功能。建议要以提高生态系统服务功能为目标，在国家和黄河流域9省区国土空间规划编制过程中，从黄河流域生态系统有机整体的视角出发，因地制宜、科学规划黄河流域不同区域空间"发展"与"保护"的利用导向。

在冰川分布地区，明确冰川保护区域，加强植被保护、水土流失与荒漠化防治力度，严格控制影响冰川稳定性的人类活动；在上游地区，以青海黄河源、甘肃甘南湿地、四川若尔盖湿地为重点，严格保护天然林地草地、湖泊湿地，坚持自然恢复为主、人工修复为辅的方针，统筹推进人工林生态治理、草地保护修复、河湖湿地生态保护与流域生态治理等工程，提升生态系统稳定性和水源涵养等服务功能；在中游地区，重点开展水土流失治理，加大水土流失治理与生态治理项目统筹协调，在水土保持不同主导功能区进行专项治理与分区域防治相结合的办法，增强区域的保土保水能力，持续稳固退耕还林还草工程成效；在下游及黄河三角洲地区，合理确定河口生态保护空间格局，严格保护天然湿地，禁止不合理开发开垦；对生

物多样性的威胁因素实施有效监控，实施关键物种栖息地营造优化、鸟类补食区建设等工程项目，提高生物多样性。

3. 优化产业结构合理布局，促进流域生态保护与高质量协调发展

黄河流域能矿资源丰富，但由于生态本底较为脆弱，长期的能矿资源开发和基础型产业结构使其生态保护面临的形势依然严峻。

首先，利用资源优势和现有技术积累，推进资源产业深加工，逐步完成能源产业结构的调整和升级换代。针对产业快速发展过度消耗水资源的问题，建议将满足生态需水量作为水资源调度的前置条件，确保全流域、各子流域及河段的流域水生态健康，并将生态需水量是否达标等纳入生态环境监管的范畴；严格高耗水产业准入，倒逼能源、化工等传统产业转型升级，促进社会经济与水资源承载力协调发展。

其次，有效保护流域重要生态空间。城镇化地区要以水资源为刚性约束，划定并严格控制城市开发边界，合理规划流域范围内城市、城市群的发展规模，形成倒逼机制，在高效发展的同时，为黄河流域留足生态空间；合理规划资源开发产业布局，在矿区集中区域合理控制开发力度，对废弃矿区加强生态修复监管；并且，将生态保护红线作为生态空间管控的刚性约束，成为空间规划编制底图和基础，以划定生态保护红线和自然保护地体系调整为契机，推动建立奖惩结合的生态保护修复监管制度，确保流域重要生态空间得到有效保护。

最后，建议调整农业种植结构。减小高耗水作物种植面积，扩大饲草种植面积，因地制宜发展旱作农业，利用生物及农副土特产品资源，发展生物医药和健康食品产业。一方面延续以退耕还林还草和退牧还草为主的生态恢复措施，减少引黄灌区灌溉面积，加强"三化（退化、沙化、盐碱化）"草原治理，依据区域生态承载能力，合理确定农业和畜牧业发展规模；另一方面建立健全流域纵向与横向相互结合、相互补充的生态补偿机制，落实草原生态保护补助奖励政策，对于条件成熟地区，实施生态移民，减轻农牧业生产对草地生态系统的压力。

4. 切实加强生态保护综合监管能力和制度建设，有效支撑国家生态保护的综合决策

加强监管能力建设，推动各级生态保护综合监管专业机构、专业队伍、专业能力建设。夯实监管数据基础，开展生态网络观测体系建设，形成生态保护大数据协同分析的能力。建立国土生态空间的天地一体化监控体系，实现对重点生态保护修复和建设工程实施效果、典型生态系统质量恢复成效、重点生态功能区、自然保护区和生态保护红线等重要管控区域的人类活动等全覆盖式的制度化精准监管。

健全生态监管法规，坚持生态优先、绿色发展的原则，加快推进黄河流域国土空间规划编制，科学划定生态空间、农业空间、城镇空间，严守生态保护红线永久基本农田、城镇开发边界。加快生态保护红线和黄河保护立法，为促进流域生态保护与高质量发展提供法律依据。

建立生态状况评估与考核机制，建立全国及重点区域（流域）常态化生态状况调查评估机制，及时评估分析生态系统变化情况、生态保护修复成效与国家重要生态保护修复工程实施情况。组织开展全流域及重点区域生态状况调查评估，对标上、中、下游不同保护目标，建立差异化绩效考核标准，并将评估结果纳入绩效考核，与生态补偿挂钩，为制定政策及规划提供科学依据。

建立生态安全预警机制，及时准确预测、预警重点区域重大生态风险，加强对黄河源区等生态脆弱敏感地区气候变化生态影响的监测预警。

参考文献

常军，王永光，赵宇，等．2014.近50年黄河流域降水量及雨日的气候变化特征 [J].高原气象，33(1): 43-54.

陈强，陈云浩，王萌杰，等．2014.2001—2010年黄河流域生态系统植被净第一性生产力变化及气候因素驱动分析 [J].应用生态学报，25(10): 2811-2818.

谷鑫志，曾庆伟，谌华，等．2019.高分三号影像水体信息提取 [J].遥感学报，(3): 555-565.

国家统计局．2019.中国统计年鉴2019[M].北京：中国统计出版社．

何芬奇，邢小军，白兆勇，等．2008.鄂尔多斯高原湿地危情及水资源永续利用的探讨 [J].湿地科学与管理，(1): 56-58.

贾绍凤，梁媛．2020.新形势下黄河流域水资源配置战略调整研究 [J].资源科学，42(1): 29-36.

金轲．2020-11-10."一刀切"围栏封育不利于草原恢复 [N].中国科学报，(3).

李丹，吴保生，陈博伟，等．2020.基于卫星遥感的水体信息提取研究进展与展望 [J].清华大学学报（自然科学版），60(2): 147-161.

李云龙，孔祥伦，韩美，等．2019.1986—2016年黄河三角洲地表水体变化及其驱动力分析 [J].农业工程学报，35(16): 105-113.

连煜，廖文根，石岳峰．2016.黄河水资源保护前沿技术展望 [J].人民黄河，38(10): 93-95.

刘昌明，田巍，刘小莽，等．2019.黄河近百年径流量变化分析与认识 [J].人民黄河，41(10): 11-15.

刘昌明，刘小莽，田巍，等．2020.黄河流域生态保护和高质量发展亟待解决缺水问题 [J].人民黄河，42(9): 6-9.

刘海防．2015.山东黄河三角洲水鸟动态监测及其规律分析 [J].山东林业科技，45(5): 32，81-85.

刘海红，刘胤序，张春华，等．2018.1991—2016年黄河三角洲湿地变化的遥感监测 [J].地球与环境，46(6): 590-598.

刘华军，乔列成，孙淑惠．2020.黄河流域用水效率的空间格局及动态演进 [J].资源科学，(1).

刘静，温仲明，刚成诚 . 2020. 黄土高原不同植被覆被类型 NDVI 对气候变化的响应 [J]. 生态学报，40(2): 678-691.

刘纪远，宁佳，匡文慧，等 . 2018. 2010—2015 年中国土地利用变化的时空格局与新特征 [J]. 地理学报，73(5): 789-802.

刘时银，姚晓军，郭万钦，等 . 2015. 基于第二次冰川编目的中国冰川现状 [J]. 地理学报，70(1): 3-16.

马丽，田华征，康蕾 . 2020. 黄河流域矿产资源开发的生态环境影响与空间管控路径 [J]. 资源科学，42(1): 137-149.

马柱国，符淙斌，周天军，等 . 2020. 黄河流域气候与水文变化的现状及思考 [J]. 中国科学院院刊，(1): 52-60.

裴俊，杨薇，王文燕 . 2018. 淡水恢复工程对黄河三角洲湿地生态系统服务的影响 [J]. 北京师范大学学报（自然科学版），54(1): 104-112.

裴志林，杨勤科，王春梅，等 . 2019. 黄河上游植被覆盖度空间分布特征及其影响因素 [J]. 干旱区研究，36(3): 546-555.

宋平，刘元波，刘燕春 . 2011. 陆地水体参数的卫星遥感反演研究进展 [J]. 地球科学进展，26(7): 731-740.

沈永平 . 2019. 全国 1∶25 万三级水系流域数据集 [DB/OL]. 国家冰川冻土沙漠科学数据中心（www.ncdc.ac.cn）.

水利部黄河水利委员会 . 2011. 河川径流量 [Z]. http://www.yrcc.gov.cn/hhyl/hhgk/qh/szyl/201108/t20110814_103518.html.

水利部黄河水利委员会 . 2013. 黄河流域综合规划：2012—2030 年 [M]. 郑州：黄河水利出版社 .

水利部黄河水利委员会 . 2018. 黄河年鉴 2018[M]. 郑州：水利部黄河水利委员会黄河年鉴社 .

孙工棋，张明祥，雷光春 . 2020. 黄河流域湿地水鸟多样性保护对策 [J]. 生物多样性，28(12): 1469-1482.

汤秋鸿，刘星才，周园园，等 . 2019. "亚洲水塔"变化对下游水资源的连锁效应 [J]. 中国科学院院刊，34(11): 1306-1312.

万玮，肖鹏峰，冯学智，等 . 2014. 卫星遥感监测近 30 年来青藏高原湖泊变化 [J]. 科学通报，8(8): 701-714.

王光谦，钟德钰，吴保生 . 2020. 黄河泥沙未来变化趋势 [J]. 中国水利，(1): 9-12.

王建华，胡鹏，龚家国 . 2019. 实施黄河口大保护推动黄河流域生态文明建设 [J]. 人民黄河，41(10): 7-10.

王庆，廖静娟 . 2010. 基于 SAR 数据的鄱阳湖水体提取及变化监测研究 [J]. 国土资源遥感，22(4): 91-97.

王尧，陈睿山，郭迟辉，等 . 2021. 近 40 年黄河流域资源环境格局变化分析与地质工作建议 [J]. 中国地质，48(1): 1-20.

刘小丹，张克斌，王黎黎，等 . 2015. 封育对半干旱区沙化草地群落特征的影响 [J]. 北京林业大学学报，37(2): 48-54.

王颖 . 2013. 中国海洋地理 [M]. 北京：科学出版社 .

王煜，彭少明，郑小康 . 2018. 黄河流域水量分配方案优化及综合调度的关键科学问题 [J]. 水科学进展，(5).

魏斌，陆妮，李佳琪，等 . 2017. 封育对高寒草甸植物群落构成及生态位特征的影响 [J]. 西北植物学报，37(5): 983-991.

夏军，彭少明，王超，等 . 2014. 气候变化对黄河水资源的影响及其适应性管理 [J]. 人民黄河，36(10): 1-15.

邢小军，于向芝，白兆勇，等 . 2009. 鄂尔多斯遗鸥自然保护区湿地水量平衡分析 [J]. 干旱区资源与环境，23(6): 100-103.

颜明，贺莉，王彦君，等 . 2019. 1950—2015 年黄河下游河道排洪输沙时空演变 [J]. 水土保持研究，26(4): 1-6，12.

袁秀，孙燕燕，王计平，等 . 2020. 基于水鸟栖息地恢复的黄河三角洲水资源综合利用策略 [J]. 资源科学，42(1): 104-114.

尹立河，张茂省，董佳秋 . 2008. 基于遥感的毛乌素沙地红碱淖面积变化趋势及其影响因素分析 [J]. 地质通报，(8): 1151-1156.

赵宁，马超，杨亚莉 . 2016. 1973—2013 年红碱淖水域水质变化及驱动力分析 [J]. 湖泊科学，28(5): 982-993.

中华人民共和国水利部 . 2019. 中国水资源公报 2018[M]. 北京：中国水利水电出版社 .

张爱静，董哲仁，赵进勇，等 . 2013. 黄河水量统一调度与调水调沙对河口的生态水文影响 [J]. 水利学报，44(8): 987-993.

张慧，刘秋菊，史淑娟 . 2015. 黄河流域农业水资源利用效率综合评估研究 [J]. 气象与环境科学，(2).

张建云，贺瑞敏，齐晶，等 . 2013. 关于中国北方水资源问题的再认识 [J]. 水科学进展，24(3): 303-310.

张希涛，付守强，谭海涛，等 . 2011. 黄河三角洲水鸟动态变化监测 [J]. 山东林业科技，41(4): 7-10.

周亮，唐建军，刘兴科，等 .2021. 黄土高原人口密集区城镇扩张对生境质量的影响——以兰州、西安—咸阳及太原为例 [J]. 应用生态学报，32(1): 261-270.

周岩，董金玮 . 2019. 陆表水体遥感监测研究进展 [J]. 地球信息科学学报，21(11): 1768-1778.

Acharya T D, Subedi A, Lee D H. 2019. Evaluation of machine learning algorithms for surface water extraction in a Landsat 8 Scene of Nepal[J]. Sensors, 19(12): 2769.

Carreno Conde F, De Mata Munoz M. 2019. Flood monitoring based on the study of sentinel-1 SAR images: the Ebro River case study[J]. Water, 11(12): 2454.

Donchyts G, Winsemius H, Schellekens J, et al. 2016. Global 30m height above the nearest drainage[Z]. Proceeding of the EGU Gereral Assembly.

Feyisa G L, Meilby H, Fensholt R, et al. 2014. Automated water extraction index: a new technique for surface water mapping using Landsat imagery[J]. Remote Sensing of Environment, 140: 23-35.

Huang C, Chen Y, Zhang S, et al. 2018. Detecting, extracting, and monitoring surface water from space using optical sensors: a review[J]. Reviews of Geophysics, 56(2): 333-360.

Khandelwal A, Karpatne A, Marlier M E, et al. 2017. An approach for global monitoring of surface water extent variations in reservoirs using MODIS data[J]. Remote Sensing of Environment, 202: 113-128.

MacKinnon J, Verkuil Y I, Murray N. 2012. IUCN situation analysis on East and Southeast Asian intertidal habitats, with particular reference to the Yellow Sea (including the Bohai Sea)[J]. Occasional Paper of the IUCN Species Survival Commission, 47.

Ma T, Li X, Bai J, et al. 2019. Habitat modification in relation to coastal reclamation and its impacts on waterbirds along China's coast[J]. Global Ecology and Conservation 17: e00585.

Mohammadimanesh F, Salehi B, Mahdianpari M, et al. 2018. Wetland water level monitoring using interferometric synthetic aperture radar (InSAR): a review[J]. Canadian Journal of Remote Sensing, 44(4): 247-262.

Pekel J F, Cottam A, Gorelick N, et al. 2016. High-resolution mapping of global surface water and its long-term changes[J]. Nature, 540 (7633): 418-422.

Sarp G, Ozcelik M. 2016. Water body extraction and change detection using time series:

a case study of Lake Burdur, Turkey[J]. Journal of Taibah University for Science, 11(3):381-391.

Wang S, Fu B, Piao S, et al. 2016. Reduced sediment transport in the Yellow River due to anthropogenic changes[J]. Nature Geoscience, 9(1): 38-41.

Yang X, Qin Q, Herve Y, et al. 2020. Monthly estimation of the surface water extent in France at a 10-m resolution using Sentinel-2 data[J]. Remote Sensing of Environment, 244: 111803.